U0244012

# 画笔下的城市

# 建筑风景手绘161法则

王家飞 冯剑军——译

[英]约瑟夫·斯托达德 Joseph Stoddard——编著

中国青年出版社

版权登记号：01-2019-3527

**图书在版编目（CIP）数据**

画笔下的城市：建筑风景手绘161法则 /（英）约瑟夫·斯托达德编著；王家飞，冯剑军译
.— 北京：中国青年出版社，2019.12
书名原文：Expressive Painting
ISBN 978-7-5153-4032-6

I. ①画… II. ①约… ②王… ③冯… III. ①建筑画-风景画-绘画技法 IV. ①TU204. 11

中国版本图书馆CIP数据核字（2019）第267082号

**画笔下的城市：建筑风景手绘161法则**
[英] 约瑟夫·斯托达德（Joseph Stoddard）/ 编著
王家飞 冯剑军 / 译

出版发行：中国青年出版社
地　　址：北京市东四十二条21号
邮政编码：100708
电　　话：（010）50856188 / 50856189
传　　真：（010）50856111
企　　划：北京中青雄狮数码传媒科技有限公司

责任编辑：张　军
策划编辑：张君娜
封面设计：乌　兰

印　　刷：北京利丰雅高长城印刷有限公司
开　　本：880×1230　1/32
印　　张：4
版　　次：2020年4月北京第1版
印　　次：2020年4月第1次印刷
书　　号：ISBN 978-7-5153-4032-6
定　　价：69.80元

本书如有印装质量等问题，请与本社联系
电话：（010）50856188 / 50856189
读者来信：reader@cypmedia.com
如有其他问题请访问我们的网站：www.cypmedia.com

# 目录


## 01 开始吧

绘画用品 8
画室设备 16
外出写生必备装备 17

## 02 准备工作

场景和视角 22
简单的草图 24
重点 26
速写 28
透视图 30
摄影 32

## 03 带上速写本

速写本 36

## 04 素描

绘画基础知识 44

## 05 色彩

色彩基础知识 50

## 06 开始绘画

时间 66
城市场景 68
阴影 70
虚光图 72
光的反射 74
树木 76
天空 78
人物 80
汽车 82
白色颜料 84
夜景 86
室内场景 88
淡色水彩 90
积极画法和消积画法 92

## 07 作品演示

夜景绘画 96
传统静物画 102
艺术手法的应用 106
绘制城市场景 112
绘制静物画 118
绘制室内场景 122

一点感想 126
灵感 127
画家简介 128

# 引言

想象有一座美丽的小山丘，郁郁葱葱，山前有个谷仓，围着摇摇晃晃的栅栏。头顶上，两只雄鹰在暴风雨中飞翔。这样美妙的场景很适合用水彩形式表达出来。

现在想象这样一个场景：一座繁华热闹的城市，高楼林立，车水马龙，路灯、电线杆和广告牌随处可见；又或是一个动人心魄的城市夜景，这时一列火车如喷气式飞机般飞速驶过混凝土拱桥，最后消失在夜空尽头。这些都是城市中常见的场景，是我们每天习以为常的生活。但如果用水彩将它们画出来，可能有意想不到的效果。事实上在很多年前，加利福尼亚州的绘景师们就是这么做的，他们画火车、唐楼、正在卸货的货车和驶入港口的船只，捕捉到了常常被人们忽视的生活琐碎：城市的日常生活。

水彩能够完美勾画出乡村的宁静和城市的喧嚣，以及介于两者之间的一切。本书将伴你开启一段绘画之旅，这趟旅程会充满挑战，但也能让你收获满满。在这里你可以学到以下内容：

- 了解室内作画和室外写生要用到的材料和工具
- 获得关于室外写生的建议和指导
- 选取绘画场景，绘制简单的草图，学习色彩搭配
- 掌握摄影技术，让照片开口帮你说话
- 使用速写本做好创作前的规划和收尾工作
- 了解色彩属性、相互关系以及水彩颜料的种类
- 用色彩渲染氛围，改变光影和时间，描绘夜景
- 保持轻松却又精力充沛的工作状态
- 在场景中加入人和车的原色
- 绘制城市风景，包括广告牌、电话杆和标牌
- 营造雨雾朦胧、光影反射的效果
- 学会使用钢笔、墨水和白色颜料作画

本书的最后有六个分步演示，可以帮助你运用所学的知识。

我的教学基于热情和对学生的信任展开。我想让你摆脱对失败的恐惧，勇敢探索对自己真正有效的方法，希望你能成为天才般的画手。

Sunday morning sketch time
out door studio
2/28/16

mind case

sketchbook

A good first

children's corner suite - Claude Debussy

# 开始吧

# Let's start

brass tray

palette

brushes

# 绘画用品

一般来说，要购买自己能力范围内最好的绘画用品。你不需要每种颜料都来一管，又或是买上三四十支刷子。有一些专业级颜料和优质笔刷就够了，数量不用太多，切忌买一堆品质低劣的产品。

## 颜料

### 透明水彩和不透明水彩

水彩颜料有两种：透明水彩和不透明水彩。不透明水彩类似于学校里教蛋彩画时所用到的颜料，其中混有白色颜料，所以具有遮盖力。如果需要，也可以进行稀释，这样画会更加清透。

透明水彩是水彩画传统的创作方式。因为颜料具有透明度，我们能够透过颜料看到纸张的白色和先前添加的其他颜色，所以水彩画会有闪闪发光的效果。

### 学生级颜料还是艺术家级颜料

相较于学生级颜料，我一般会买艺术家级颜料。大多数制造商均会提供这两类颜料。艺术家级的水彩流动性更强、更细腻，固色时间也会更长。学生级水彩会加入很多合成物来合成颜色，耐光性不及艺术家级颜料。如果你买得起艺术家级水彩，那么画画一定会更轻松愉快，同时也可以提高学习速度。

“耐光性”是指颜料长时间暴露在光源下的持久度。

## 固体水彩还是管状水彩

透明水彩有固体的也有管状的。管状水彩的大小相当于外出携带的小型牙膏管，里面装的是软质可挤压的颜料。固体水彩是装在塑料杯（或塑料盘）中的块状干颜料。固体水彩干燥、便于携带，更容易整齐摆放，因此通常是外出写生的最佳选择。虽然我有几套固体水彩，偶尔也会用一用，但更喜欢管状水彩，即便是外出写生时也不例外。在出发前，我会把管状水彩挤到要带出门的调色盘里，先晾一天左右，这样颜料就能稍稍变硬。

依我个人经验来看，管状水彩的色泽更加明艳，画起来更容易（也更有趣）。我作画一般都习惯蘸取大量颜料涂抹在画纸上，而使用这种挤出的奶油状颜料更容易做到这一点。

## 品牌

好的颜料品牌有很多。我用过的有温莎牛顿（Winsor&Newton™）、丹尼尔·史密斯（Daniel Smith™）、荷尔拜因（Holbein®）、格鲁穆巴切（Grumbacher®）、达芬奇（DaVinci®）和朗尼（Daler-Rowney®），都很好用。最近我一直用的是荷尔拜因和温莎牛顿的水彩。作为一个以色彩为重的画家，我认为这两个品牌无论从色彩范围、品质一惯性，还是从明度和鲜艳度上来说，都很符合我的创作意图和风格。作为新手，应该多尝试一些不同品牌的水彩，然后找到自己最满意的那个。

## 颜色

这是现在我调盘里的颜色，我将用这些颜色来进行本书中的所有演示。偶尔也会对这些颜色进行调整，你也应试着自己调整颜色，这样才能成长为一名真正的画家。

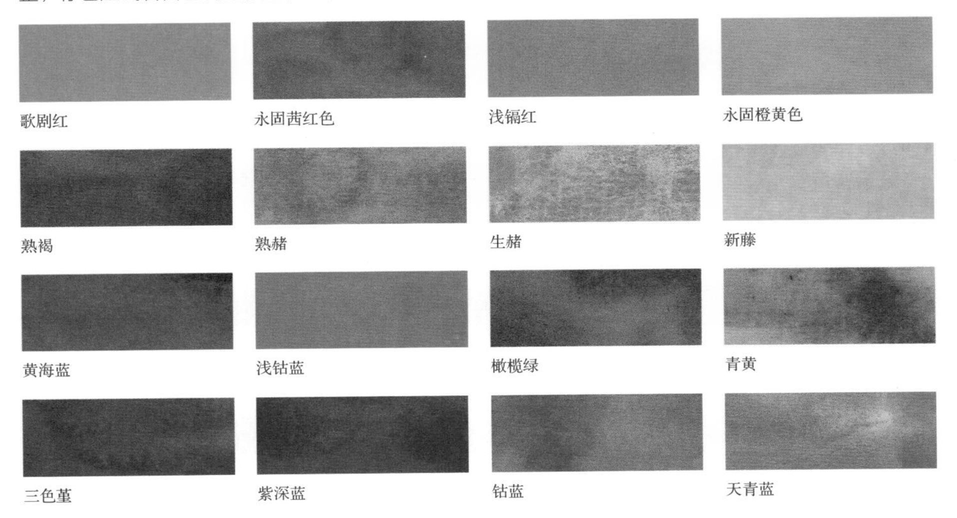

# 画笔

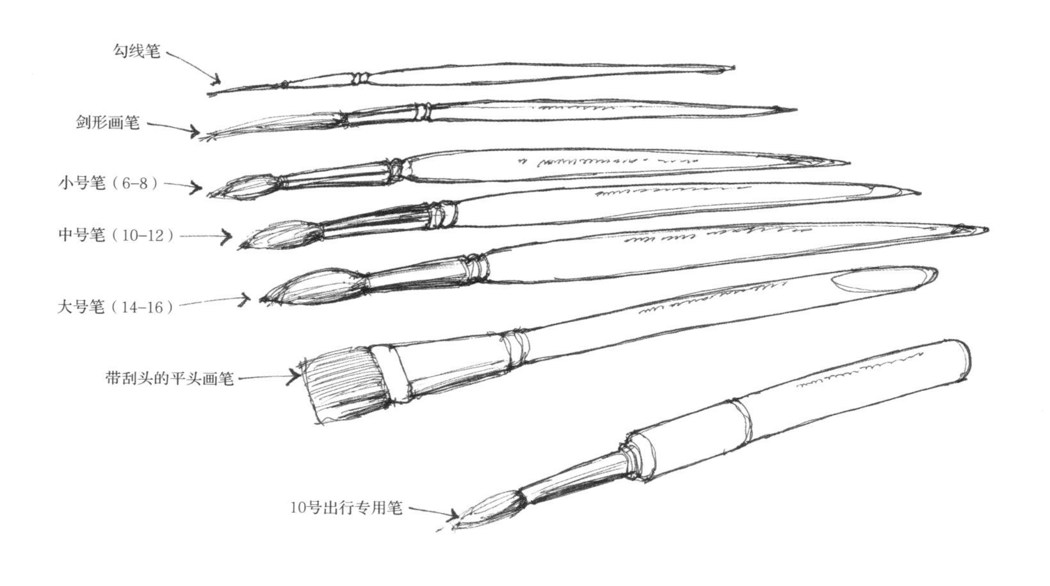


## 圆头画笔和平头画笔

画笔有各种各样的形状和尺寸。水彩主要用的有圆头画笔和平头画笔两种。前者适合普通的绘画操作，后者通常用于表现宽阔、厚重的笔触，不过也有些画家只用平头画笔。而我不管画什么，都喜欢用大号的圆头画笔。

## 尺寸

刷子有不同的尺寸，用不同数字标记，000表示最小号，24表示最大号。不同厂家生产的刷子大小不同——一家公司的10号画笔可能与另一家公司的12号画笔大小一样。所以我的建议是，在保证用得顺手的前提下选择最大号的画笔。这会让你在绘画时更注重整体效果而不是画太多的细枝末节。

为了方便表述，我将画笔分成小号、中号和大号三种。6-8号为小号，10-12号为中号，14-16为大号。

## 黑貂毛与合成纤维毛

大多数水彩画家用的要么是天然动物毛画笔（用黑貂、松鼠等动物毛制成）和合成纤维毛画笔，要么就是用两种材料混合制成的画笔。

天然动物毛画笔是最贵的，但对颜料的吸附力强，用其画画会更轻松。合成纤维毛制成的画笔最便宜，但难以控制，吸附力也较差。我发现天然动物毛与合成纤维毛混合制成的画笔价格实惠，用起来也不赖，性价比较高。我用的是莎士比亚（Stratford）和纽约紫水晶（York Amethyst）系列的画笔，以及温莎牛顿画笔。

还是一样，买你能买得起的最好笔刷，绝对物超所值。

### 动物毛画笔

柔软的天然毛刷由动物毛制成，例如黄鼠狼毛、獾毛或松鼠毛。优质的动物毛吸水性强，非常适合用来蘸取水彩颜料。

### 合成毛画笔

柔软的合成毛画笔由人造纤维制成，如尼龙和聚酯长丝。由于动物毛画笔过于昂贵，对于水彩画家来说，合成纤维制成的画笔是完美替代品，并且更经久耐用。虽然合成纤维的性能在不断提升，但在吸水性和韧性方面，还不能与动物毛相提并论。但请记住：优质的合成纤维总是比劣质的动物毛要好。

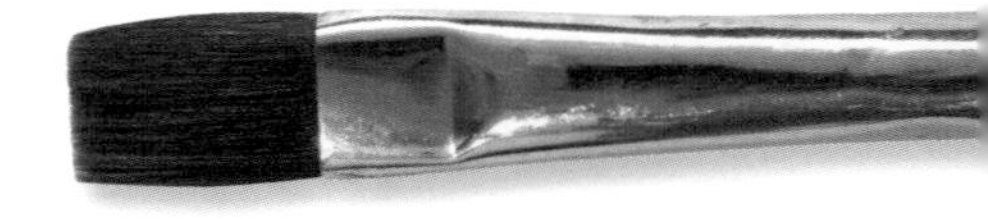

## 提示

许多画笔在刚出厂时，笔头都会用胶质封住，以固定笔头的形状。在使用新画笔之前，要用自来水将胶质冲洗干净。

## 出行专用画笔

许多厂家会生产动物毛和合成纤维毛两种供外出使用的画笔。这些画笔都配有笔盖，很好地避免笔头受到不必要的磨损。

## 小心保管

妥善保管你的画笔，它们陪伴你的时间会很长。

1. 在蘸颜料之前，务必用水浸湿笔头。
2. 切勿将画笔插在头发里或浸泡在水中
3. 每次画完后都要彻底清洁画笔。
4. 清洁后要重新整理毛刷的形状使其恢复原形，然后将它们笔头朝上放在瓶中晾干。

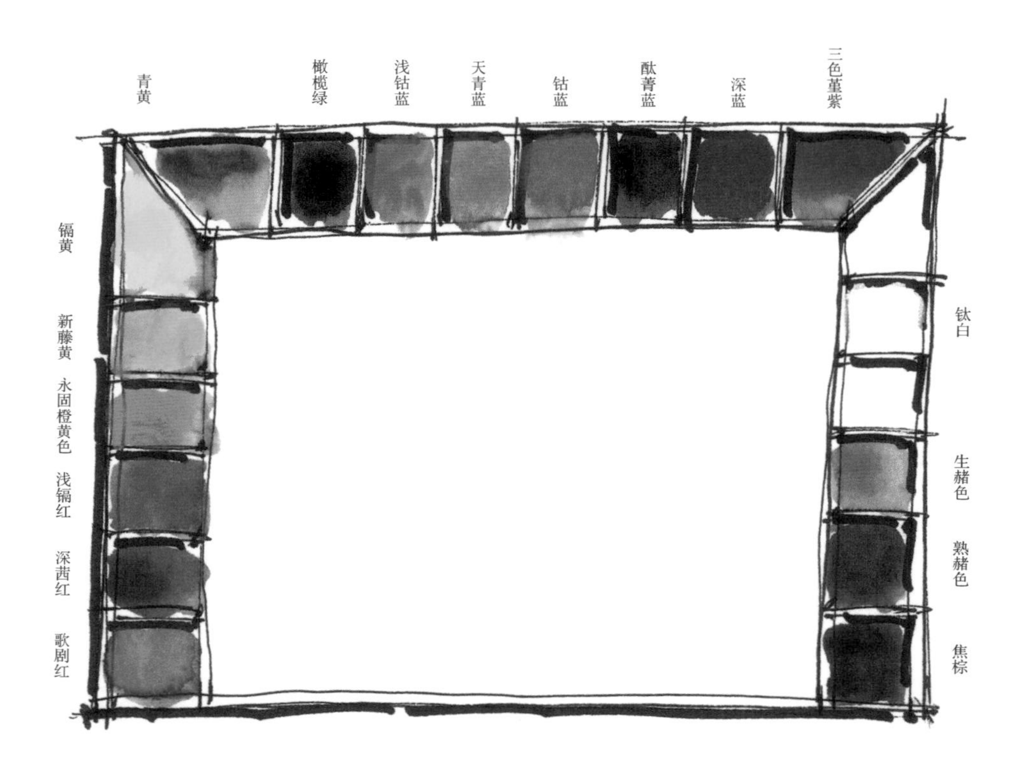


调色盘是一种又平又浅的容器，用来装颜料和调色。其可以是简单的餐盘或金属秤盘，也可以是专业的塑料或金属水彩颜料盘。

我画室里的调色盘是荷尔拜因重金属调色盘，十分坚固且制作精良。因为我讨厌一成不变，所以偶尔也会改用约翰 · 派克（John Pike）调色盘，其由加厚塑料制成，上面有个盖子，可以用来放小水缸和画笔。不画画的时候我会在调色盘中放一张湿纸巾，然后把调色盘盖上，这样里面的颜料也不会干掉。

保证每次画画时用的颜料都是新鲜的，不要把整管颜料一次性挤出来，再任其慢慢变干，每次要用的时候挤出来一点点就可以了。这样就能够保证每次画画都有鲜艳、湿润的颜料可用。如果有一些颜料干了，那就将其清洗干净，换上新的。因为想从已经结块的颜料上蹭下来些许不值钱的颜料，而损坏一支昂贵的画笔，这一定不是你希望看到的。

在调色盘上按照光谱的顺序排列颜色（类似琴键的样子），以便于学习并记住每种颜色的位置。我以红色为开端，按照色轮格式给颜料排位置，依次为橙、黄、绿、蓝。大地色系放在另一端。当我要用白色时，我就把它挤到紫色和大地色之间。每次添加新颜色时，都重新安排颜料顺序，为新色腾出空间。不要只是简单地把新的颜色加在末端，这可能导致鲜红色混在一堆绿色中间，让人觉得杂乱无章。

## 提示

如果你不确定如何排序，拿出一张画纸，在上面用每种颜色画一个1"× 1"（2.5×2.5cm）的方格，然后将每个方格剪下来。将这些色卡与调色盘上的格子一对一放置，然后不断调整色卡的位置，直到找到自己喜欢的色彩排序方式。

## 留白胶

留白胶的质感很像厚颜料，干了之后会在纸上形成透明保护膜。你可以在涂有留白胶的区域作画。颜料干掉后，用橡皮擦或手指将涂有水彩留白胶的地方轻轻擦掉，你会发现下面露出来的纸还是白色的。

# 画纸

## 种类

大多数水彩画家都使用100%纯棉纸张。右图中的纸称为棉浆纸，是一种档案纸，这意味着它中性无酸，不会随着时间的推移而变色。一些制造商不用棉花，而用木浆来造纸。木浆纸与棉浆纸的表面略有不同，但也十分适合画画。

水粉纸按照其表面粗糙程度大致分为三种：热压纸，表面光滑；冷压纸，有轻微颗粒感，是画家最常用的纸张；粗纹纸，表面十分粗糙。每种类型你都应该尝试一下，这样才能知道自己最适合用哪种。

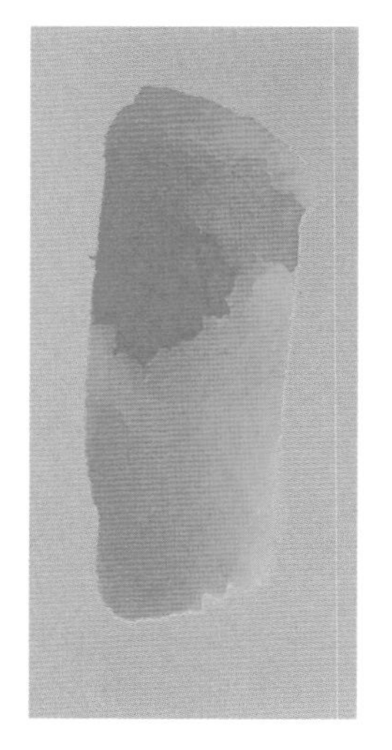

热压纸

冷压纸

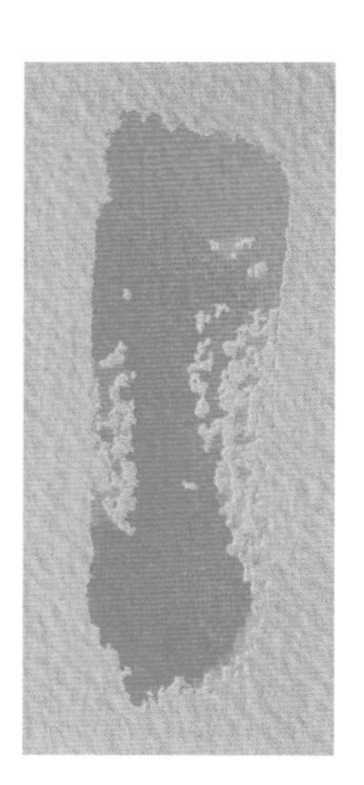

粗纹纸

水彩纸按重量或厚度分为三种：90磅，最轻最薄的一种；140磅，重量适中，是最常见的纸张类型；300磅，最重的一种。

我一般使用艺术大师（Fabriano Artistico）的140磅亮白冷压纸和阿诗（Arches）的140磅热压纸这两种画纸。

## 准备工作

我在绘画之前不会先浸泡纸张，因为我发现之前浪费了太多时间在浸泡、铺平和装订纸张上，但可能只画了几分钟，这幅画就作废了，最后不得不又重头再来一遍。一般我会在纸张的一角喷一点水来检测上面的封胶。如果封得很好，那么喷上去的水会在纸上停留几秒再渗入画纸中。

我把干掉的画纸铺在硬板上（如鳄鱼板、加压纤维板或美森耐纤维板），再用夹子夹好。上了颜料之后，纸张会变湿和卷曲，但干掉后卷曲的状态也随之消失。

画画的时候要保持画板略微倾斜，这样在重力的作用下，颜料不容易滑落。

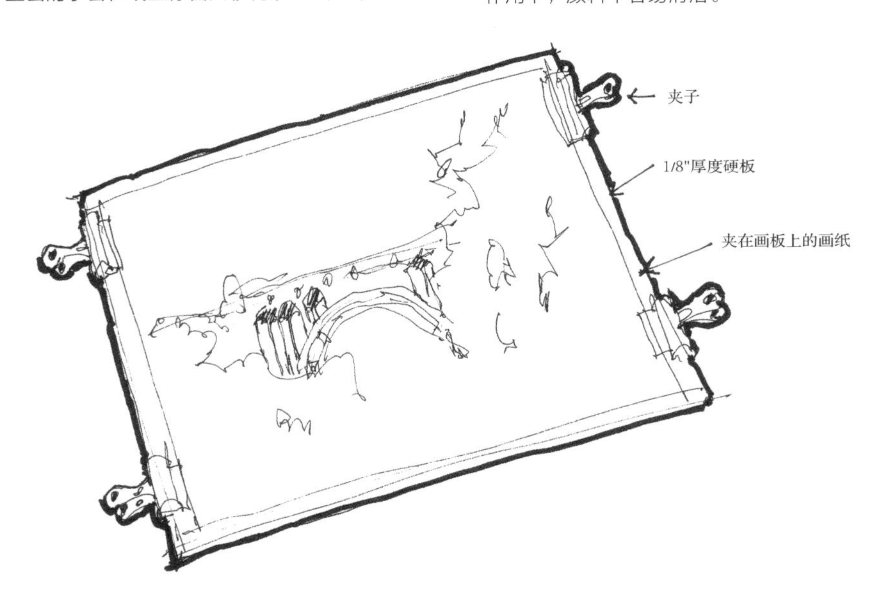


很多水彩纸上涂有一层浆纱，通常是明胶或动物胶，其能令纸张的吸水速度变慢，这样画家就有时间用笔蘸水将颜色晕染开，也可以防止纸张吸水后发生卷曲。

## 纸张大小

我主要用的是543×787mm（对开）和390×543mm（四开）两种大小的纸。偶尔我会用全开（787×1092 mm）的画纸，但非常少，因为我的画室和工作区域空间有限。我有三四块不同尺寸的画板，用来夹不同尺寸的纸张，这样就可以同时进行几幅画的创作了。

你应该选择自己用起来最舒服的画纸大小，但可能只有尝试过不同大小的画纸，才能知道自己最喜欢哪种。

# 画室设备

## 造舒适的工作环境

一些画家拥有超豪华的工作环境，其中精心配置了各种各样的美术器材。而另一些画家只有一张餐桌，很多时候这些桌子还要用于其他家庭活动。在接手车库之前的那些年里，我一直都在餐桌上进行创作。不管处于什么环境，你肯定都希望为自己打造一个舒适、明亮、配备齐全的创作空间。

### 工作台

我一般坐在桌旁进行创作。我在桌子两边各放一盏灯，以保证工作区内的均匀光照。

因为我习惯使用右手，因此将调色盘放在右边。水瓶和用来擦拭的纸巾都放在调色盘的盖子上，画板摆放得略微倾斜。

工作区中需要留出足够的空间，以便在创作中能时不时后退几步，检查整个作品的构图、色调以及是否搭配均衡。

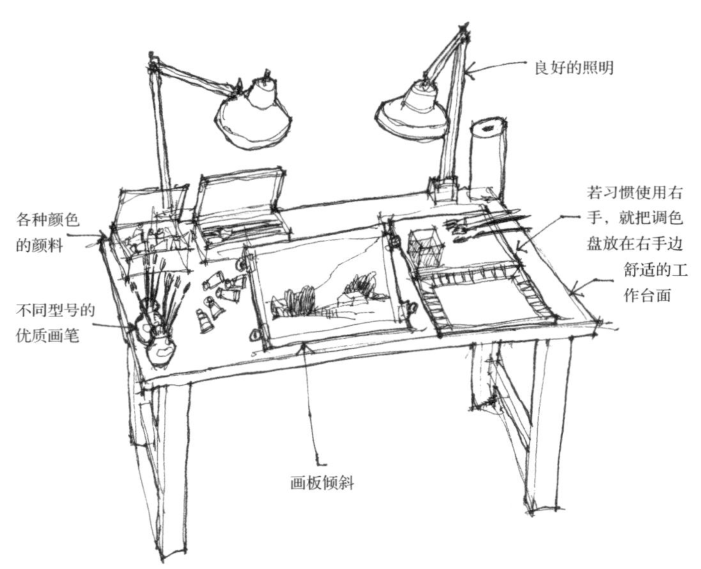


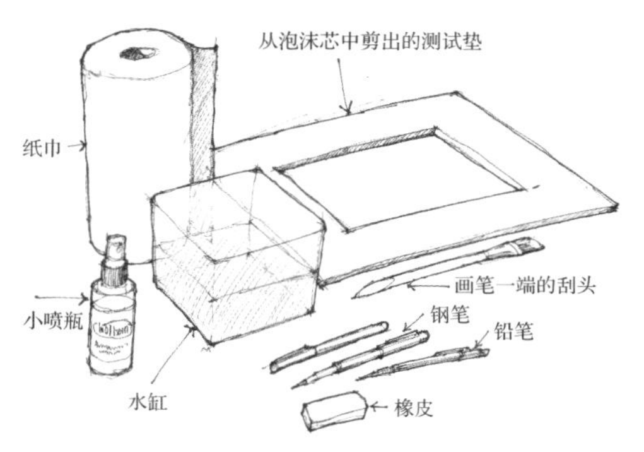


### 其他必需品

- 要完善画室装备，你还需要准备以下几种物品：
- 一个比较深的广口小水缸
- 一个小喷瓶，用来保证颜料的色泽度和湿润度
- 纸巾
- 中性笔（我喜欢使用三菱（uni_ball®）的单珠微黑中性笔）
- 铅笔：0.9 HB笔芯的自动铅笔
- 橡皮（我喜欢施德楼牌（Mars® Staedtler®）的塑料橡皮擦）
- 刮刀：平刷或调色刀的凿状末端
- 测试垫：用于检查作品整体架构

# 外出写生必备装备

## 轻装上阵

对我来说，最佳的创作方式是现场作画。无论是坐在后院感受凉爽的秋日午后，还是在登机口处等候登机，最好的创作永远都是从生活场景中直接取材。现实场景瞬息万变，有时照片是无法捕捉到的，只有身处现场才能直接感受。通过这样的方法，你的眼手协调能力会很快得到提升，目光也会更加敏锐。

无论我到哪里，都会带上一套完整的装备，如此一来，每当我灵光乍现，或者发现什么有趣的题材时，就能马上进行创作。关键在于携带的绘画工具要尽量精简，确保轻装上阵，千万不要拖带复杂笨重的行李，因为你需要在几分钟之内就进入创作状态。

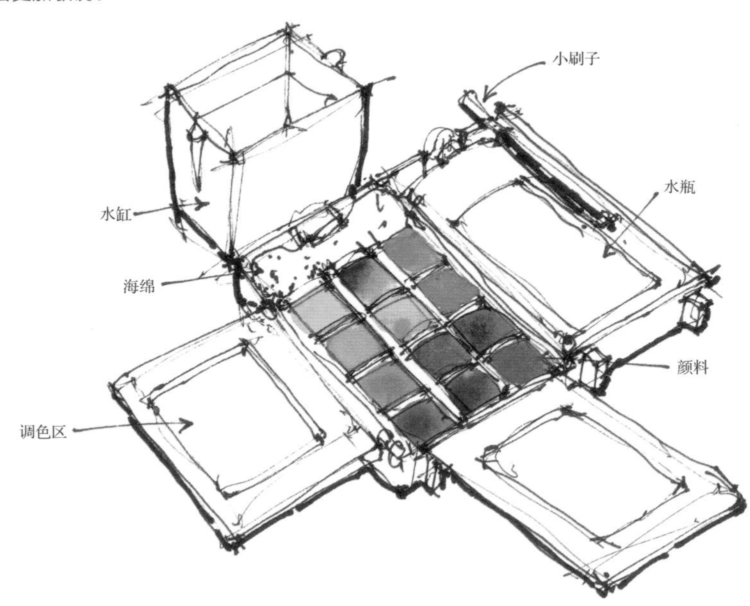


### 出行专用调色板

我收集了不同大小的颜料盒，以备出行之需，但最偏爱温莎牛顿的水彩颜料盒。这种盒子可以装颜料，有三个调色区，还内置一个水瓶、一个装水的盘子和一把小刷子。它还可以折叠缩小，方便携带。如果你想把颜料放在里面带出户外，请提前几天挤入盒中，这样到了出发时，颜料已些许变硬，便于携带。

这个盒子只能装12种颜料，所以你要仔细考虑哪些是你的主打色。这是我精简之后的调色盘颜色:

- 永固茜红色
- 浅镉红
- 橘黄
- 新藤黄
- 青黄
- 天青蓝
- 钴蓝
- 温莎蓝
- 法国群青
- 赭色
- 熟赭色
- 熟褐色

## 画笔

笔刷在途中很容易损坏，所以我会带上笔筒。同时我也会准备一些出行专用的画笔，其刷头用黑貂毛或人造毛制成，且带有笔套保护刷头。像这样的画笔我有两支，分别是10号刷和6号刷。

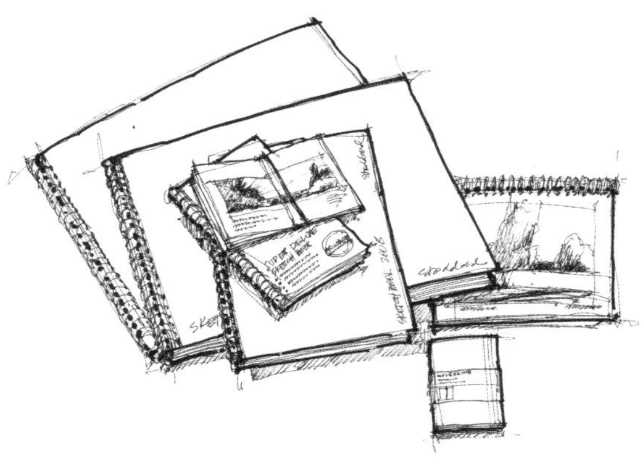

## 画纸和速写本

在室外，我通常用速写本画画。我有各种各样的本子。但大多数时候，我要么用康颂的11"×14"（28×35cm）水彩线圈本（纸张重量140磅），要么用它的9"×12"（23×30cm）全媒体速写本（纸张重量为90磅）。

我的包里会装一本水蜂（Aquabee）的6"×9"（15× 23cm）808豪华精装速写本或斯蒂尔曼&伯恩（Stillman&Birn）水彩速写本，非常适合随手画上两笔或画一些精致小画。其纸张粗糙度刚刚好，无论铅笔、钢笔还是水彩都适合使用。

当然，你也可以带上专门的水彩纸，但纸张不能太大，尺寸也不能太多样——选择1/4张大小的画纸夹在画板上带出门就可以了。

## 画架

你可以立一个专业的画架，也可以手拿速写本画画，或者将速写本放在画架上。这些方法我都会用到，背包客画架（也称为半法式画架）将是你绘画的好帮手，其唯一的缺点是太重了，再者就是在支起下面的木头支架时偶尔会夹到手。

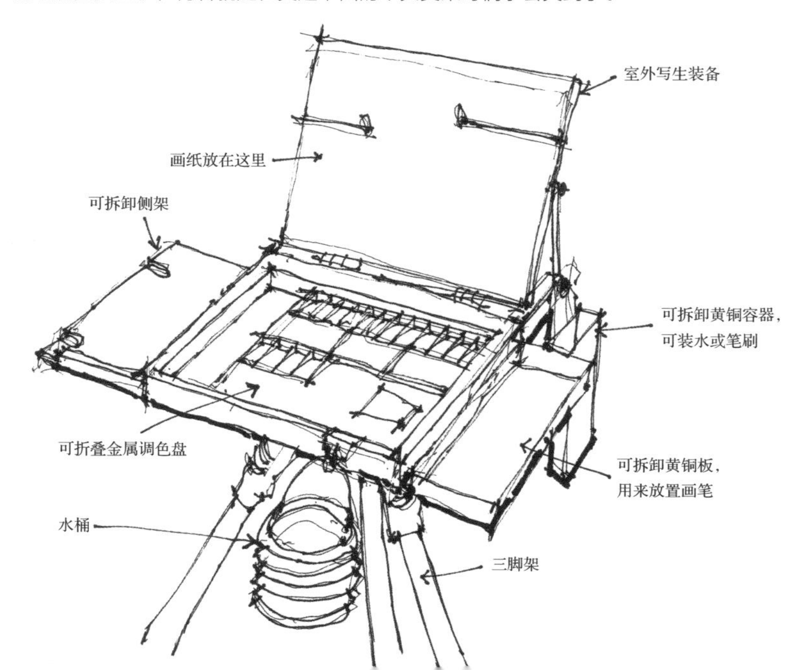

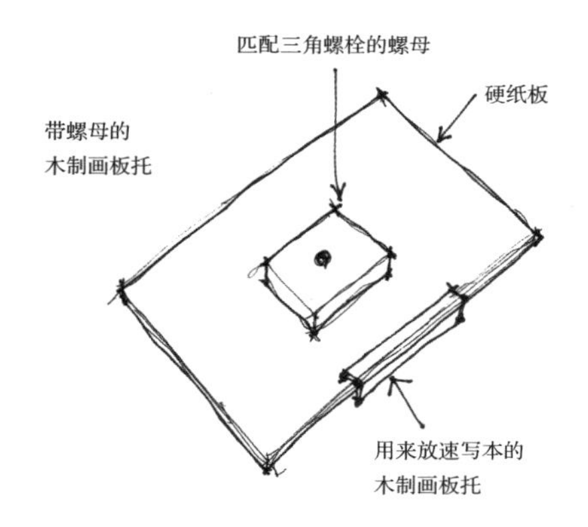


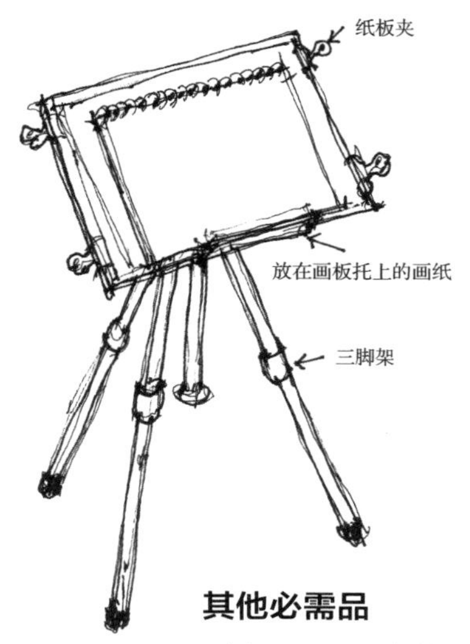


我有一个朋友，他会将一块带螺纹螺母的木头连接到钢化板（美森耐纤维板）的背面，这样就可以把画板接到三脚架上。将纸或速写本夹在板上，三脚架上的旋转头用来调整画板的倾斜度，可以从垂直状态调节到水平状态。

当然，如果你追求装备的精简，那么只需坐在地上，再把速写本往腿上一放即可！

## 其他必需品

- 水桶
- 喷瓶
- 纸巾
- 铅笔
- 钢笔
- 橡皮
- 轻巧的板凳
- 小型数码相机

## 外出写生指南

- 到达目的地后，花些时间环顾四周并仔细观察现场场景，不要急于画画。先看看有什么想画的东西，再找几个好角度仔细观察一番。
- 沉浸到现场的氛围里。闻着空气中弥漫的香气，享受大自然的美丽色彩和动听声音。
- 找一个舒适且景色优美的地方。我虽然喜欢和人聊天，但还是想在小路边找个地方，因为在那里不会有太多的车辆和行人。
- 做过简单的几笔勾画和色彩研究之后，首先把光影打出来，因为它们变得很快，所以要尽早把它们记录在画纸上。
- 切勿繁杂——避免在细节上费太多功夫。
- 动作要快，同时也要保持轻松的状态。
- 学会看天气。气温较高、空气较干时，画纸和颜料可能会干掉，所以高温天气下要时不时给颜料喷点水。
- 肯定会有一些好玩的事情让你分心：带着香气的微风、狗的叫声、头顶上飞过的飞机、唧唧喳喳的鸟儿、还有好奇的围观者。当然也会有一些不那么愉快的事情：高温、寒风、下雨、叫个不停的狗、虫子……过来围观的人们有时候也是一个干扰。试着将这一切看作外出体验的一部分，安然接受周围的一切。

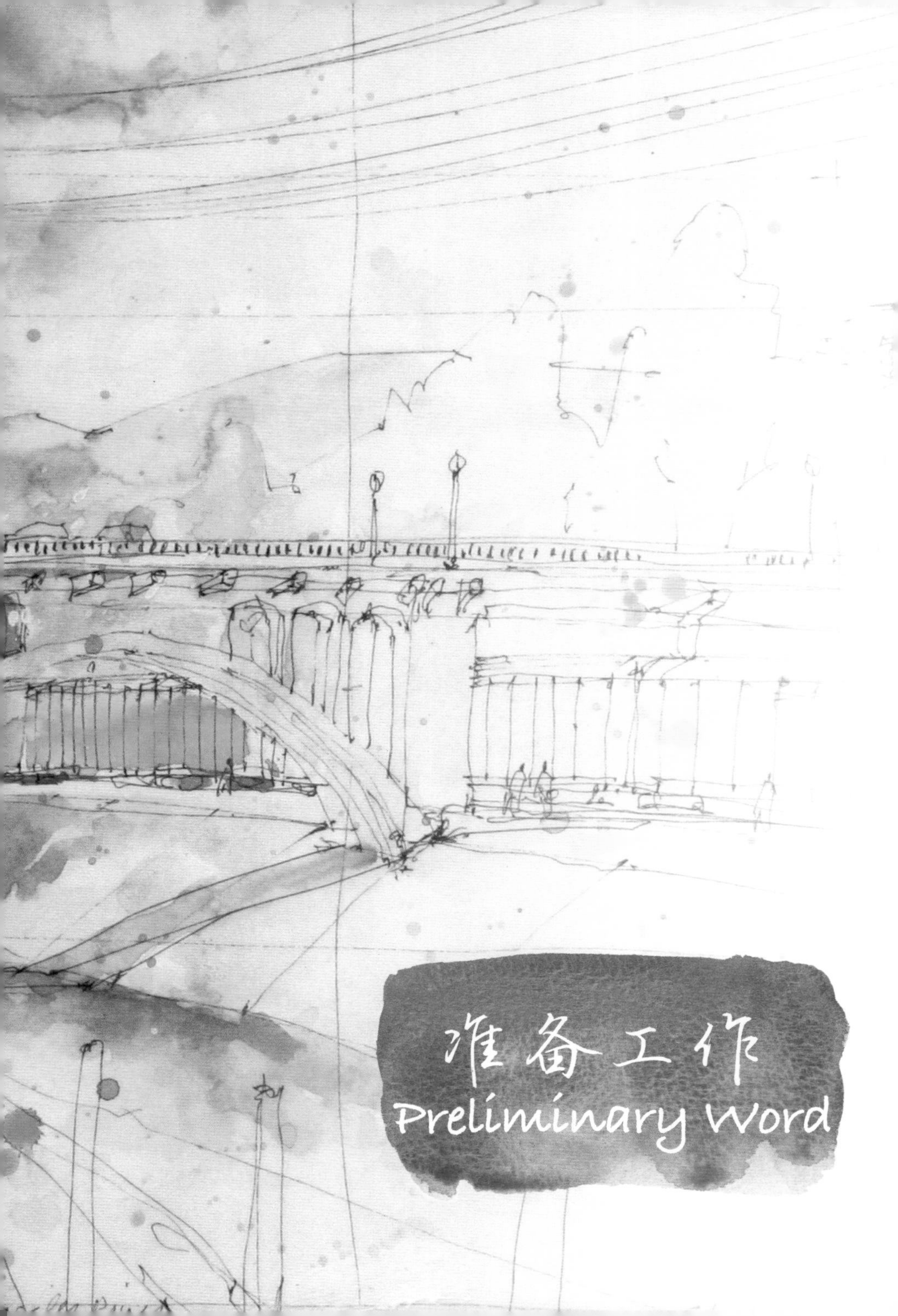

# 准备工作 Preliminary Word

# 场景和视角

首先我们要找一个能画成素描或水彩画的场景。我认为画什么本身并不重要——怎么画才重要。有时找到一个让你灵感迸发的完美场景反而不是一件好事，因为我们会犹犹豫豫不知道如何下手，害怕自己能力不够，画出来的东西远远低于自己的预期。比如说，你可能很喜欢去年夏天在科罗拉多大峡谷的照片，毫无疑问这画出来会很美！但刚开始学画画的时候，最好还是找个离家近一点的地方写生。那就画你手边的绘画用品或你家后院的木头长凳如何？以这些简单的静物为对象也可以画出美丽的素描和水彩画。

我最喜欢的一些水彩作品画的往往都是很日常的场景。是的，我的确喜欢描绘夏日狂风暴雨中，优美的宏大景观的巨幅画作，但只有那些熟悉的日常场景才能引起我的共鸣。

我们还可以选择一个略微不同的视角。我喜欢画我家附近一座年代久远的混凝土桥。这几年它一直在重建，桥梁外部搭了脚手架，周围也都是起重机。不久前，我把施工现场的场景简单勾画了出来，这幅画非常有趣且生动。这就是我说的不同视角下的寻常绘画对象。

有时我会用相机的取景器找一些不同的角度。最好是能快速地画一系列小型草图。在画一些大型草图之前，我常常会先画几小张试试手。

# 简单的草图

这就是一幅迅速完成的小型速写。每画一幅水彩作品之前，我都要以这种方式去研究不同的构图和色彩搭配。要试图简化场景，这样才能准确清晰地突出作品的重点。

速写时会用到四种不同亮度：暗、灰、亮和纸张白。小型速写其实画起来有些难度，因为必须剔除细节，尽量画得简单一些。这样你才能单纯从色彩明暗的角度检查想法是否可行。这种绘画方式重点在于设计，即使放大效果也很好。不要乱画一气，要画出清晰明了的形状，可以使用交叉影线调节亮度。

完成几张草图之后，我会选一张线条简洁且明暗对比明显的草图，这张就是我整个创作过程中的“路线图”。整体的构图和色彩搭配已经确定好了，接下来要怎么做就很清楚了。只要照着这张“路线图”画，就不用毫无头绪地尝试各种配色了。有时我会蘸颜料画一些尺寸稍大的草图，看一看有没有其他的可能性，这也能帮助我练习绘画。偶尔画草图时我会在旁边放一幅之前完成的作品，它会一直出现在我的视线里，所以我将它也画到了草图上。

其余草图见下一页，请注意观察每幅图的细节。

# 提示

不要成为草图的奴隶，如果画出了一些意料之外的东西，并且看起来不错，那就接着画下去吧。

# 重点

作品的重点是绘画时要考虑的第一步，也是核心的一步。我的大部分作品都有一个重点——也就是它们的主旨，即我为什么要画这幅画。诚然，有时仅仅是因为沐浴在夏日夕阳余晖下的山谷过于美丽，让我有了将它画出来的想法。在这种情况下，整幅画本身就是重点。

然而，大多数时候我其实是想引导观众去关注作品中某些特别的部分。一个好的作品通常都有重点，至于具体什么重点就因作品而异了。

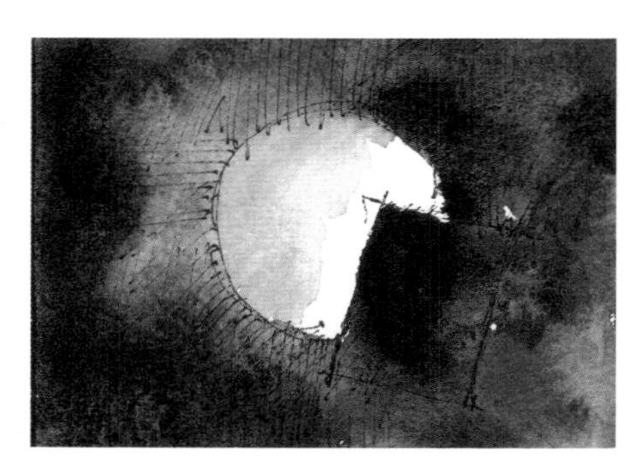

**明暗对比**

将最暗和最亮的颜色搭配在一起，观众的目光会不自觉地被这种鲜明对比吸引。

**色彩凸显**

将鲜艳的色彩置于暗色系的背景色中。

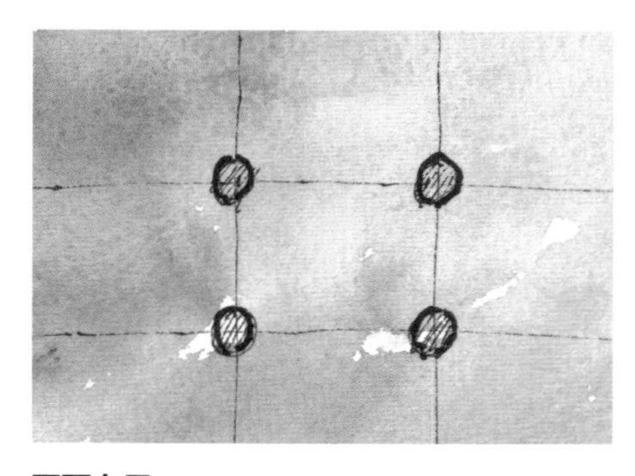

**页面布局**

将画纸从水平和垂直方向上等分成三部分。线两两交叉的地方就是重点区域，可以在那里画一些有趣的东西（汽车、人、电话杆等）。这也被称为“三分法构图”。

**图形对比**

在一堆不规则图形中画一个规则图形。

**清晰度**

在抽象背景中画一个具象的物体。

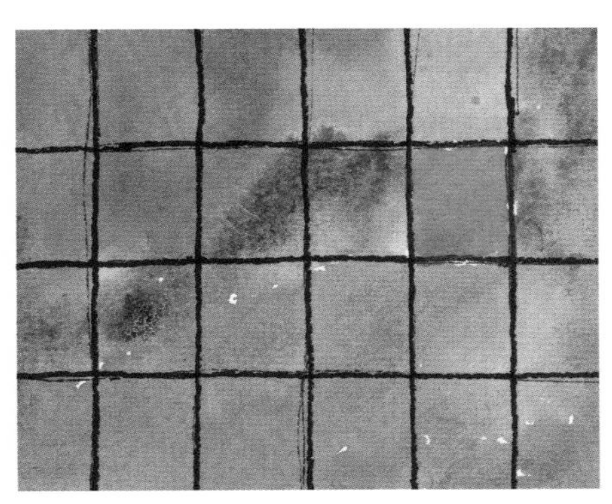

**互补色**

将红色物体放入绿色背景中（或将紫色放入黄色背景、将蓝色放入橙色背景中等）。

**色温**

在冷色调背景下绘制暖色调的物体。

**线条和细节**

在极简主义式的抽象背景中为一个物体加入更多线条和细节。

**并置**

在一幅整体横向绘制的画中加一条垂直线，反之亦然。

## 选择焦点

不要将画作中心作为焦点。在大多数情况下，中心位置是不适合画东西的。当然会有例外，但大多数时候还是不要把有趣的东西画在正中间。

## 提示

归根究底就是要形成对比。保证要突出的物体与背景大小不同，应该有主导的一方。

# 速写

每当我想画的东西出现时，我都喜欢以速写的方式画下来，最好的完成地点是汽车、火车或飞机上。因为这时候的场景转瞬即逝，必须在几秒钟内捕捉到最重要的东西。要画这么快并非易事，所以我只用铅笔或钢笔画一些线条，再加点必要的注释作为提醒。等到有空的时候，我就能靠着纸上的笔记和脑海中记住的色彩，将整幅画画出来。只画线条不加颜色的好处在于可以让我适当发挥。那些色彩是凭我自身想象渲染出来的，这种速写画往往会成为我最喜欢的小作品。

首先我会将速写本上的纸张分成几个方块。当窗外的景色闪过时，我观察寻找那些形状和整体构图都很有意思的场景——同时是可以用简单几笔就勾画出来的场景。

这项练习能够训练眼睛捕捉明显、动态的形状和线条的能力，也锻炼了速写能力。你来不及深入思考和细细雕琢，这是一种动态的绘画模式，与传统绘画方式的要求相悖，但值得一试。

# 透视图

透视的概念让素描和水彩作品有了进一步延伸。场景本身就能给画家一种透视的感觉，远处的田野、树木、房屋和山脉都给人以空间感，我们还可以通过以下几点来增强甚至是刻意营造空间感和距离感。

### 大小

一般来说，远处的物体比眼前的物体要小。当场景中出现两个或多个同类物体（例如人或车辆）形成对比时，这种感觉会更加明显。

### 间距

比较小的物体看起来更远。想象一下，铁轨旁有一排电线杆，一直延伸到最远处，那么越远处的电线杆看起来越小。

### 线条

水平的线条越靠近地平线间距越小，看起来好像空间受到了挤压，这里可以联想一下上面提到的铁轨。

### 重叠

重重叠叠的物体会给人一种距离上的错觉。

### 纹理

物体越远，它们的纹理就越柔和、越模糊。

### 细节

越远的物体细节越少。

### 焦点

远处的物体会略微失焦。

# 在场景中加入人的元素

拿出你上次度假时拍的照片，认真观察照片上的人。假设拍这张照片时你是站着的，就会看到每个人的头部基本与地平线持平。画人时也要遵循这一规则。

# 空气透视

色彩的饱和度和明暗度也可用来表现物体的远近。一般来说，距离越远，空气的阻隔效果就越明显。因为空气中的粒子会干扰视线，导致对比度、细节度下降和失焦，这称为空气透视，达·芬奇其称之为“明暗渐进法”。这种方法倾向于将远处的物体涂成介于蓝灰之间的冷色调。那么在用色时，有以下几点需要注意。

## 远景

1. 颜色要柔和，不能太鲜艳。
2. 色调偏冷。
3. 颜色往往是灰和蓝的中间值。
4. 对比度减弱。
5. 阴影不明显。
6. 舍弃细节。
7. 物体越远，色调越冷。

## 近景

1. 颜色更明亮鲜艳。
2. 色调偏暖。
3. 浅的物体颜色更淡，暗的物体颜色更深。
4. 对比度增强。
5. 阴影更深，层次更丰富，色彩也更多变。
6. 尽量突出细节。
7. 物体越近，色调越暖。

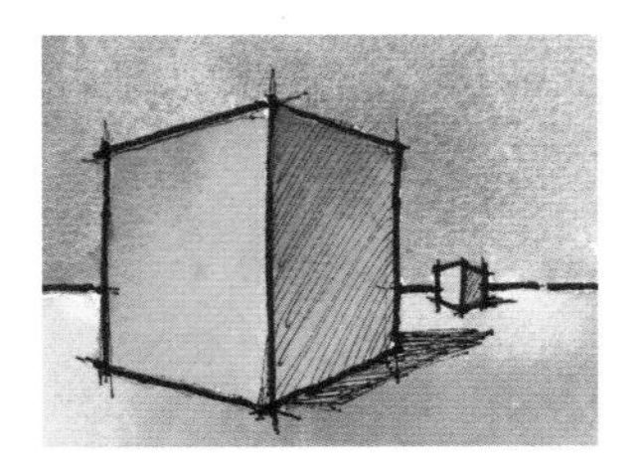

**大小**

远处的景物看起来比近处的要小。

**单点透视**

垂直线条和水平线条越靠近地平线就越紧密。

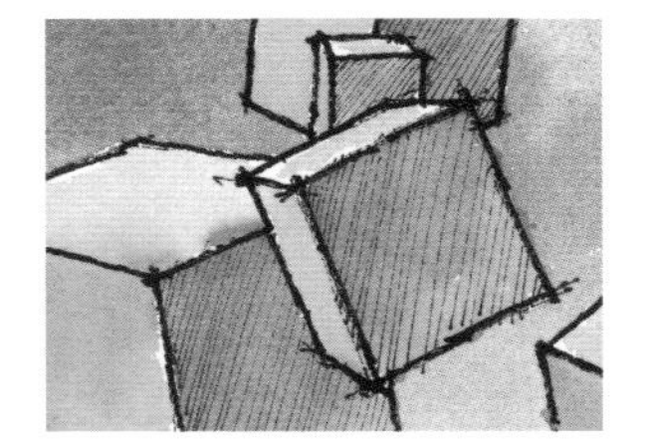

**重叠**

重重叠叠的物体会给人一种距离上的错觉。

**细节**

远景没有过多的细节，并且比近景看起来更神秘微妙。

**焦点**

远景看起来会略微失焦。

**色温**

近景的色调较暖。当物体向后移时，色调慢慢变冷。

# 摄影

摄影是一个好助手，但不是一个好的创作者。我不知道这句话是谁说的，但我十分认同这一观点。我爱摄影，我有并且正在使用两部胶卷相机、两部数码相机再加上手机自带的相机。我所有的画作均以底片（135底片）和数码形式记录下来。我有几千张参考照片和旅行照，它们都按照目录编排好，保存在笔记本和加密相册中。

我在画画时经常要拍照。有时我不能回到现场画草图或水彩画，这时相机就派上用场了，我觉得它是个很好的帮手。在完成正式绘画前的草图后，我会赶紧将这些图拍下来，以防忘记那些有趣的细节或是我自己写的注释。这些照片就是我绘画的原材料。当然，我也可以根据创作需要对这些材料进行编辑和修改。

尽量用自己拍的照片。虽然杂志上的图片十分专业，可能也很有大片即视感，但最好还是用自己的照片，因为这些照片对你来说更有意义。此外，如果你根据别人拍的照片作画，那么无论在哪展览作品，你都要向摄影师致谢，并努力获得他的照片使用许可。

尽量避免拍照。如果我所有的画作都以照片为原材料，那么会影响我的创作水准，我的作品将缺乏空间感和层次感，更会失去一种现场感。因此，尽可能现场取材。

## 艺术手法

作为一个美术家，你不必完全照着照片或者是现场的情况绘画。只要稍作调整，一个了无生趣的场景就有可能变得生气勃勃，跃然纸上。你可以调节色彩或色温，制造鲜明的对比，甚至是删掉一些分散注意力的元素，这被称为使用艺术手法。这只是赋予平凡场景或图像生机和力量的过程。

本页向你展示了一张普通的照片可以转化成一幅多么生动多彩的画作。

storm clouds obscure
top of island

KAUAI
bright green

approaching KAUAI

# 带上速写本
# Keeping A Sketchbook

bright blue water

Stad

# 速写本

人们通常认为，不管是用什么颜料画的速写，都只是一幅完整画作的前奏，即一幅“真正”作品的准备工作。但我认为，正因为它有即时、原始、纯粹和未经加工的特点，它与其他任何形式的作品一样有价值。速写本身就是一种艺术形式，我总是被那些不那么精致的速写所吸引，这些画纸上满满的都是笔记和想法。

我很喜爱速写，因为我想要在画室中画出的水彩也能与外出写生时画出的一样生动、有现场感。无论是在室外还是室内画画，我都会时不时地在画上写下时间、地点、声音和天气等信息。这些笔记会记录下我当时的所思所感，这样当观众看到这些笔记时，他们也就能够仿佛感觉置身现场。他们先通过我的眼睛看到整个场景，然后再根据自己的想法去理解那些随性的、让人脑洞大开的线条。

我常年随身带着一本速写本，每当我突然有灵感或者很匆忙的时候，它就能派上用场了。到目前为止我已经画完了80多个速写本。我画的东西各种各样，后院的风景，排队等候洗车时的场景，又或是坐在火车上或候机厅时看到的景象。不要等到大峡谷的壮丽景观出现时才拿出纸笔，世间万物都值得我们去描画。

# 速写本的种类

有各式各样的速写本，它们的大小、纸张类型和重量、页数和装订方式都不同。

我最喜欢用6" × 9"（15 × 23cm）大小的速写本。它比较小巧，可以装在我的背包或画袋中随身带着，也足够我好好画一张速写，再加点笔记也没有问题。我最喜欢用线圈本，虽然胶装本看起来很干净利落，但画起画来很难受，不容易编辑，而线圈本的纸张更容易撕下来。无论是在画室的画桌上还是在外面写生时，线圈速写本更容易平放，更加便于使用。

相比于比较薄的绘画用纸，我更喜欢媒体宣传使用的厚纸。虽然我有时候只用铅笔和钢笔画速写，但大多数时候我还是喜欢加点水彩之类的元素上去，这样的话，用厚重一点的纸张画出来的效果会更好。

# 画笔

我常用的画笔是桑福德（Sanford）的单珠笔，它价格实惠而且很好用。一有机会我就会出去写生，但有时候时间紧迫，我就会先简单画上几笔，再添加一些笔记，之后再找时间回到画室完成剩下的部分。我喜欢用钢笔进行速写，因为即使我将钢笔画暂时放在一边，它也不会被蹭得模糊不清。

虽然我不常用铅笔，但我喜欢铅笔素描展示出来的极具表现力的线条。如果我想用铅笔作画，但一时抽不出时间来，就会在铅笔素描上滴一些清水，这样可以起到密封的作用，防止画被蹭得看不清。

速写本也很适合拿来尝试不同的颜料。除钢笔、铅笔和水彩画，我还会用水粉、水彩铅笔和蜡笔在上面画画。用速写本做这些不同的尝试有助于让你熟悉各种颜料的特性，之后再用这些熟悉的颜料或技法在一张“真正的”画纸上创作，就会觉得轻松很多。

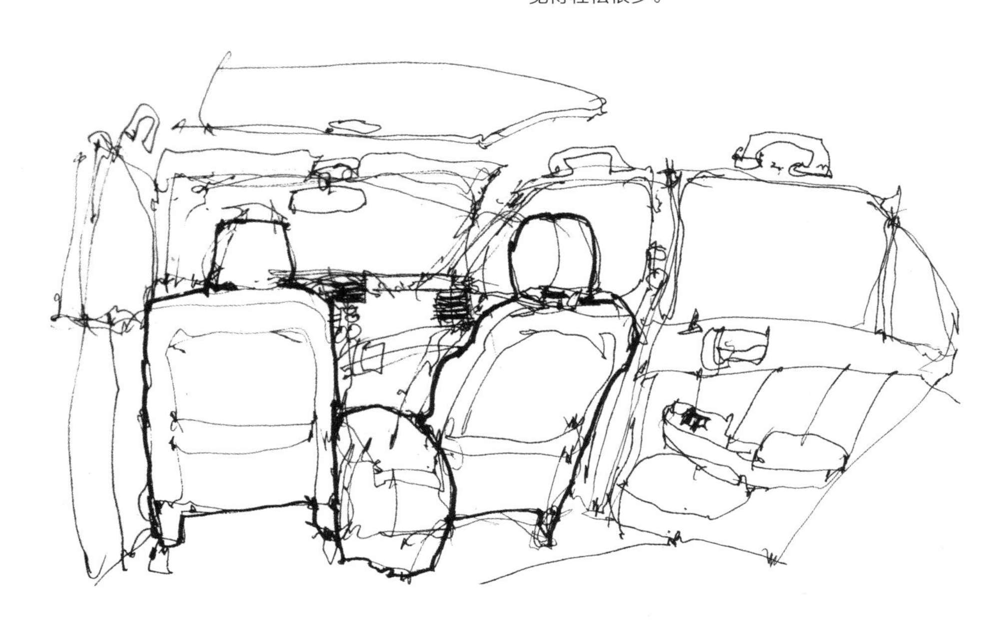

# 目的

除进行一些创作前的草图研究、构思一些问题的应对策略外，还可以在速写本上研究构图、亮度和色彩。多多练习速写能够锻炼眼手协调、捕捉场景以及将立体场景转化为平面作品的能力。

出行时带上速写本，能够帮我们将笔记和记忆完好地保存下来。当你翻开一本多年前的速写本，回想起当时画画时的情境，会油然而生一种满足感。在速写本上作画没有“真实”的绘画来得紧张和高强度，你可以尽情享受绘画的乐趣，不用太过担心浪费绘画材料和时间。此外，这些保存下来的速写本会记录你这些年在绘画上成长的一点一滴。

guy in a Jimmy Buffet
hat reads a book
8/4/13 7:30 am

# 外出写生小建议

我在“绘画入门”这一章中已经给了几个有关外出写生的建议了。但由于我的大部分速写都是在现场完成的，我还有更多的想法想要和大家分享。

生活在南加州的一个好处就是这里气候宜人，一年四季都适合外出。我尤其喜欢夏天，因为这时候太阳醒得比我早，一直到晚上才落下山去。不上班的时候我可以在外面画上一整天。但有时候，特别是在八月份，天气就没那么好了。天气炎热，雾气很重，天空也灰蒙蒙的，空气也不似五月那般干净清爽。所以，当我不想出去的时候要怎么办呢？答案就是逼自己出去。无论多热或多苦，我都要出去写生。对我而言，要想成为一名合格的画家，就应该去享受、体验和欣赏一切事物。当然，你需要克服一些困难，头顶的烈日烤得你头晕目眩；偶尔起了一阵微风，带来一点凉爽的同时，也很有可能把你的画架吹跑；在炽热的空气中，画纸温度升高，水桶里的水不断蒸发，颜料也越来越干，根本没有办法进行湿纸着色；除此之外，还有讨厌的昆虫不断干扰你，让你没法儿沉下心来创作。这时候你该怎么办呢？以下是我的一些建议。

1. 安排好时间，你可以起个大早，也可以晚上出门——这两个时段光线会更好！

2. 戴上帽子，穿上透气的衣服，这会让你感觉凉爽很多。

3. 撑把伞。

4. 找一个有阴凉的地方画画。

5. 带上驱虫剂，涂上防晒霜。

6. 尽量少带点东西出门，这样你就不用花太多时间去摆放和收拾这些东西。

7. 只画速写。这种小幅的画完成得比较快，这样你就可以早点回家。免受高温之苦。

8. 坐在空调车里画画（我认为这也算是外出写生了）。

9. 如果你实在受不了这种天气，那就去现场拍个照片，然后回到画室里，打开收音机播放爵士乐，点上香薰，这时炎炎的烈日已然被阻隔在窗外，你就可以照着照片，悠然自得地开始画画了。

不管怎么样，都要坚持绘画。

# 素描 Drawing

# 绘画基础知识

一个好的画家一定是心怀热爱的。掌握好绘画技巧能帮助你打下坚实的基础，在学画的起步阶段解决的问题越多，就越有可能成为一个好画手。我享受绘画的过程，享受用精心勾画的轮廓或粗略几笔的线条去表达自我——包括介于这两者之间的一切绘画形式。

在绘画中，铅笔和钢笔我都会用到，大多数时候我用的还是钢笔，原因很简单，我经常会因为时间关系无法立即完成速写，而钢笔画不会那么容易被蹭得模糊不清，方便我后面有时间再上水彩。

## 铅笔

铅笔的话要选择握笔处较粗的软铅，比如6B铅笔。这样在画草图的时候就可以轻松地画出三四个不同的明度。如果笔芯太硬，就无法画出恰到好处的阴影，而且很容易把纸戳破。我外出写生的时候还会带上0.9的自动铅笔。

# 钢笔

钢笔的话我选的是防水墨水和水溶性墨水的钢笔。我喜欢与水接触后钢笔线条产生的流动感，这会带来意想不到的惊喜，这让整幅作品有了肌理，不会那么死板。我曾经试过用水溶性钢笔画完了整幅画，但最后画面却变得模糊不堪，没有留下任何清晰的形状和结构。后来我就改用防水钢笔完成大部分草图，然后用水溶性钢笔对某些线条进行修饰。

我经常会画一些比较随意但又很细致的钢笔素描，但不给它们上色。我白天在设计部门工作，会给我们办公室的项目封面画一些钢笔素描。

# 控制画的大小

作画时，先在纸张上画一个框，然后就在这个区域内画。如果你像我一样总是不小心把物体画得太大，那么这样能保证你不会把东西画出框外。这么做还能产生负空间，以防你还要加点什么东西。最后，如果整幅作品的构图失败，还可以对空白区域进行修剪，看看能不能补救。

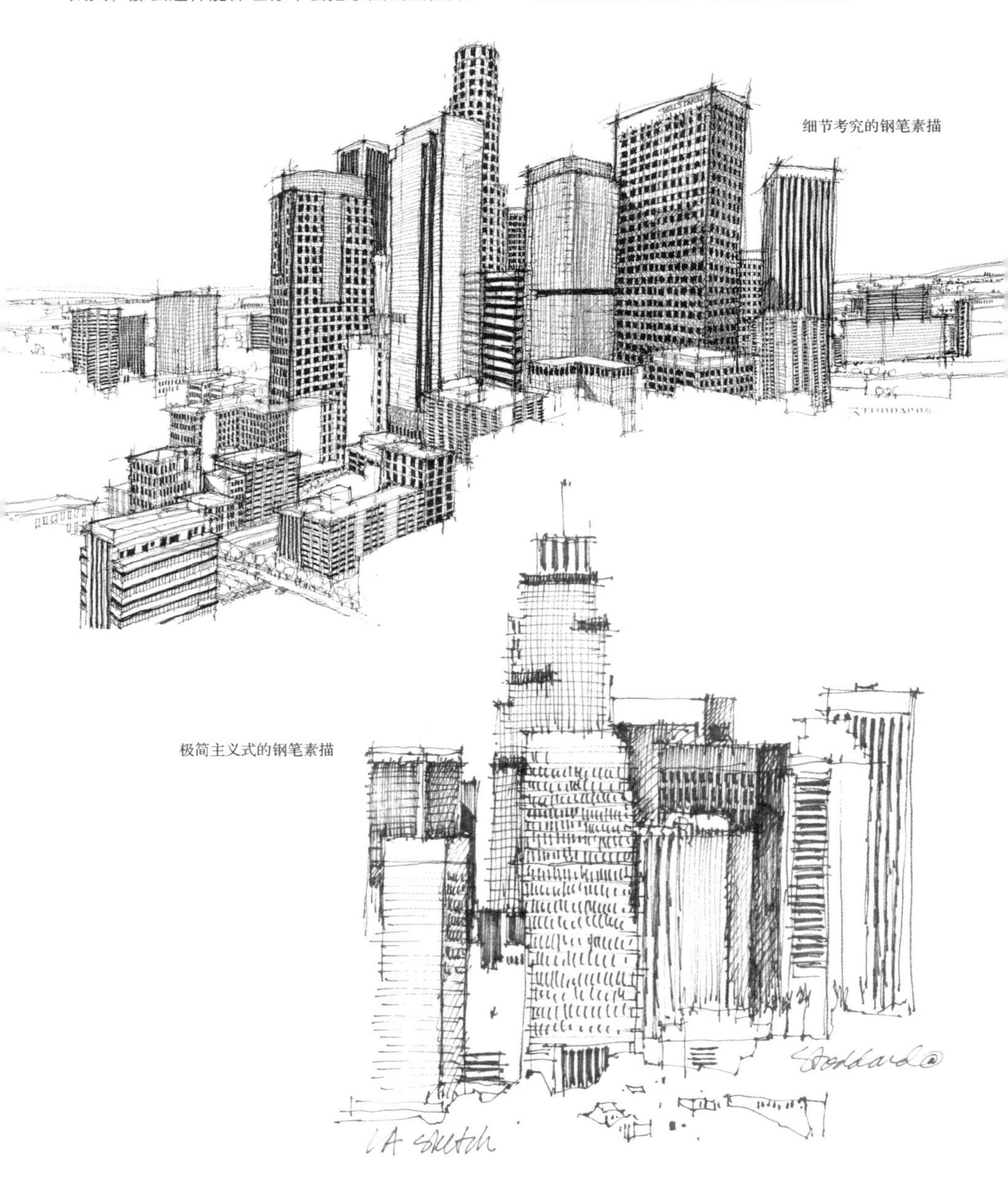


细节考究的钢笔素描

极简主义式的钢笔素描

# 不要吝啬颜料

一张干净的白纸总是让人觉得难以下笔。所以在开始作画之前，我喜欢在纸上画一些网格。这有两个用处：

（1）帮助我从构图的角度安排各个元素的位置；

（2）这些网格已经弄乱了原本干净的纸张，这减轻了我的心理负担，让我不用担心自己会把原本干净的白纸画得一团糟。

## 提示

我有一个用泡沫芯制成的测试垫，可以将我画的草图放在上面，检查整张纸的设计和构图。

Adams

# 色彩
# Color

# 色彩基础知识

我喜欢色彩，也喜欢在作品中用色彩去表达自己的感受，我从来不会让自己受限于现实场景中的色彩。如果我觉得在棕榈树上加上一抹红色会比较好看，我就会这么做。用亮紫色画阴影？没问题！作为画家，我们应该去阐释场景里的东西，表达自我情感，区别在于有的人画风写实，有的人画风写意。

掌握有关色彩的基本知识可以帮助我们更清晰地表达自己的所见所想。我们可以用颜色传递感情、营造氛围以及变换的季节和一天的时间。懂得如何运用颜色以及搭配颜色是非常重要的。

我相信实践出真知。比起对色彩理论进行详细剖析，我更喜欢直接尝试用不同的色彩创作。但是一些比较基础的色彩理论还是要掌握的。

## 色轮

色轮是根据色彩关系排列一种视觉效果图。一个基本色轮通常包括12种不同的颜色，这些颜色分成三类：原色、二次色（间色）和三次色（复色）。

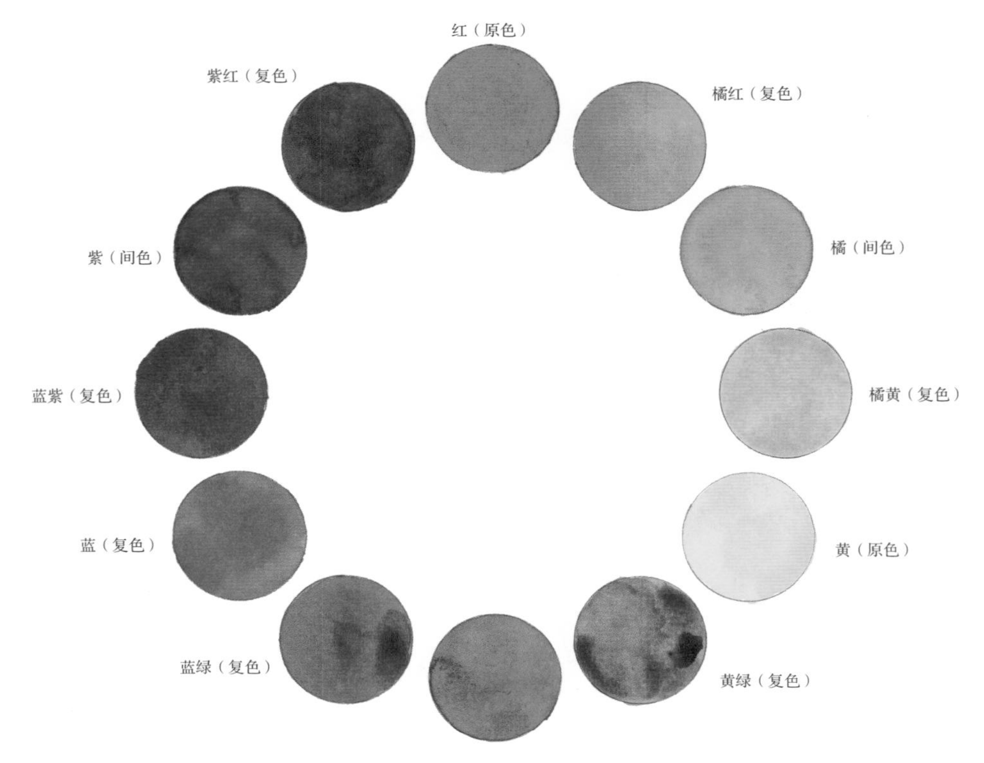

## 三原色

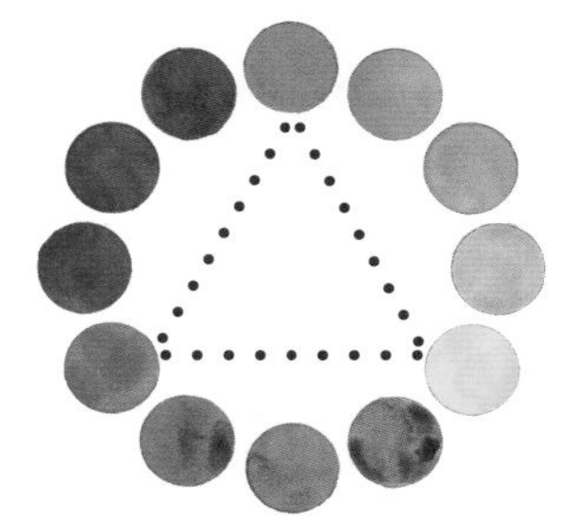

三原色包括红、黄、蓝三种颜色。理论上，任何其他颜色都可以利用这三种颜色混合而成。以三原色为顶点就形成了色轮上的等边三角形。这三种颜色无法用其他颜色调制而成。我的调色板中的三原色与色轮中的纯色略有不同，它们分别是浅镉红、新藤黄或镉黄，以及钴蓝。

## 间色

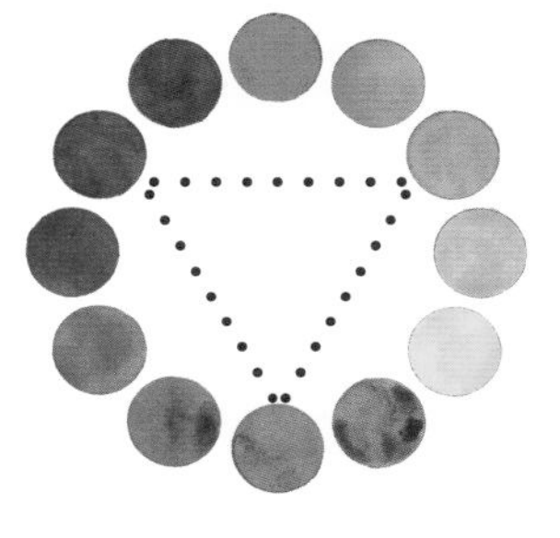

间色是由任意两种原色混合而成的颜色，在色轮上处于原色之间的位置。间色包括橙色、绿色和紫色。在我的调色板上，间色有永固橙黄色、橄榄绿和矿紫色。

## 复色

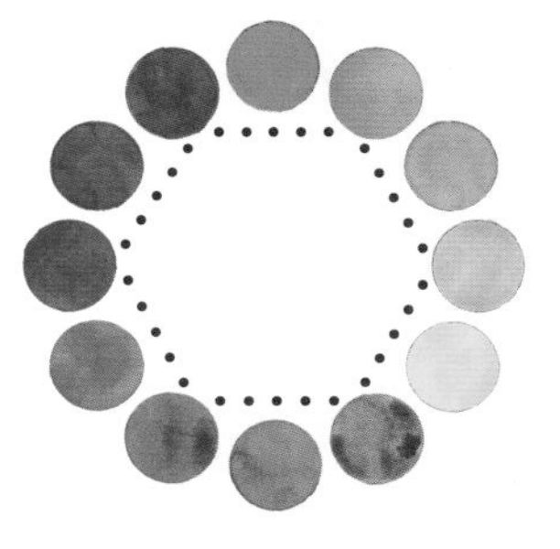

如果将原色与其旁边的间色混合，就形成了复色，这些颜色填补了色轮上其他空白的位置。复色包括红橙、红紫、黄橙、黄绿、蓝绿和蓝紫。我调色板上的大多数颜色都是自己调的，但也有一些是直接从管彩中来的。

- 橘红：浅镉红+永固橙黄色
- 紫红：深茜红
- 黄橙：永固橙黄色+新藤黄
- 黄绿：偏绿的黄色
- 蓝紫：深蓝+三色堇紫
- 蓝绿：海蓝+黄绿

## 其他颜色

从左侧的色轮中可以看到，色轮外还有一些颜色，我将它们放置在其相近色号附近。这些比较特别的颜色将在第59页的“特别的颜色混合”中进行详细介绍。

- 歌剧红：明亮的荧光洋红色
- 天青蓝：偏灰白的蓝色
- 海蓝：美丽的蓝绿色
- 生赭色：灰调黄色，暖色调
- 熟赭色：略带红色的棕色，暖色调
- 熟褐色：深巧克力棕

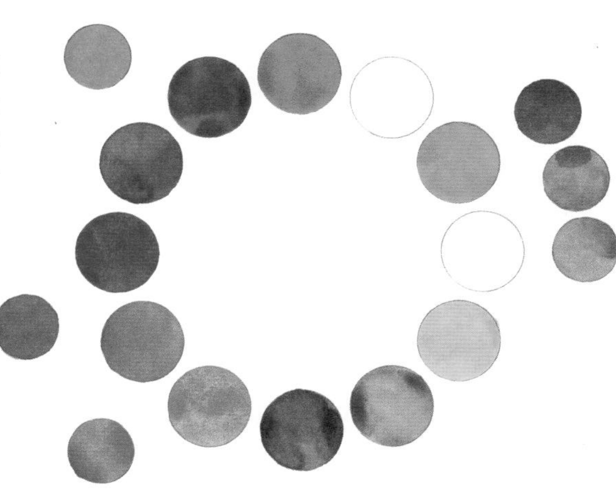

# 配色方案

运用配色方案能够帮你画出色彩上或统一协调或动态对立的图画。多试试不同的配色，这样你可以熟悉颜色之间的关系，练习如何调色。

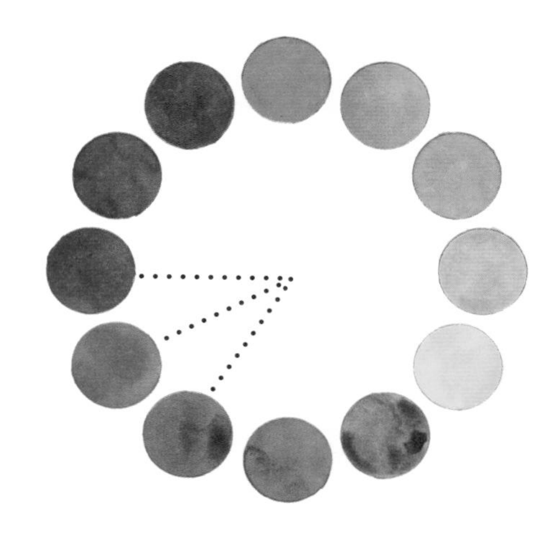

## 同色系颜色

同色系的颜色在色轮上是彼此相连的。用同色系的颜料画画能产生和谐统一的效果，因为这些颜色本身就相互关联。你可以严格按照这样的方案或对其稍加改动进行上色。

像红色、橘红和橙色；蓝紫、蓝色和蓝绿这样的颜色是严格意义上的相似颜色。像蓝色、紫色和红色这样的组合只能勉强算是相似颜色。

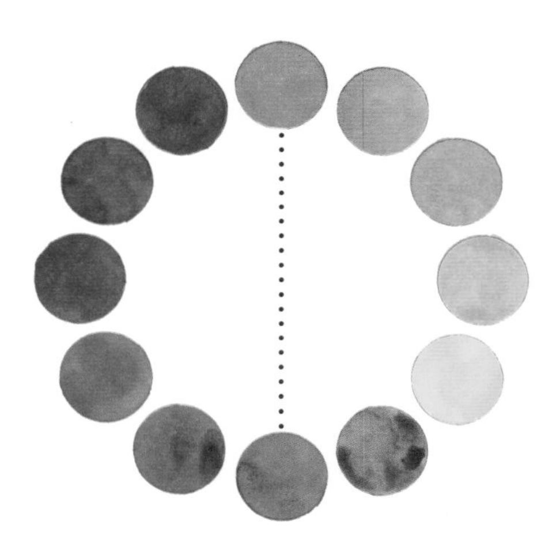

## 互补色

互补色在色轮上的位置是相对的。红色和绿色、橙色和蓝色、黄色和紫色都是互补色。当我们将彼此互补的颜色画得很近时，它们会衬得彼此的颜色更加鲜明。但如果将互补色混合在一起，就会中和掉这两个颜色。

## 补色分割

这种配色方案包括一个主色及其互补色两侧的两种颜色，如比说红色、黄绿色和蓝绿色。

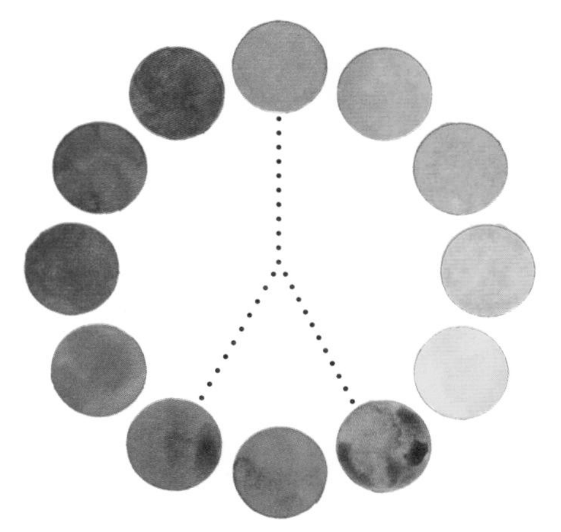

## 三等分配色法

这种配色包括三种颜色，它们在色轮上形成一个等边三角形，如蓝紫、橘红和黄绿。

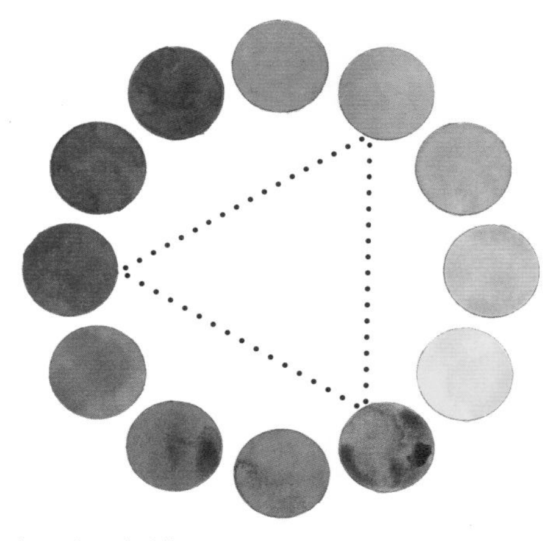

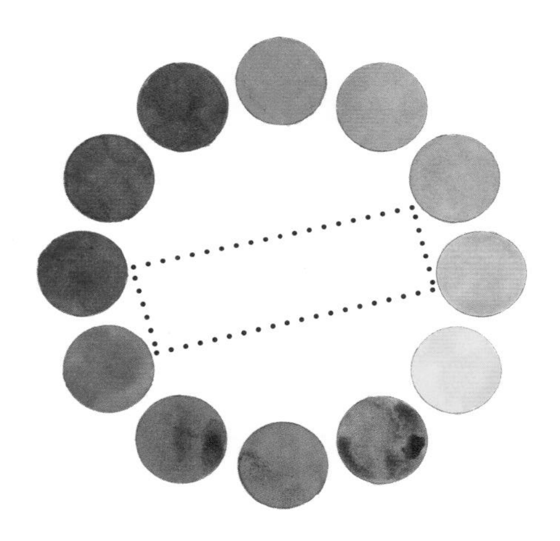

## 矩形配色法

在色轮中用形成一个正方形或矩形的四种颜色创建的四色方案。此配色方案包括两对互补色，如橙色和蓝色、黄橙色和蓝紫色，因此也补称为双互补色方案。

## 参考色轮

我建议大家自己在调色盘上设计色轮。尝试用三原色设计出一个完整的色轮也是一种很好的练习，这会帮助你学习如何调色，以及如何用透明颜料调制出新的颜色。

用三原色调制出的色轮　　用原色和间色调出的色轮

# 色温

以红色和紫红色之间的点以及黄绿色和绿色之间的点为顶点，画一条直线，将色轮分成两半，这样就将色轮分成了暖色（红色、橙色和黄色）和冷色（绿色、蓝色和紫色）两部分。

在一幅画中，暖色调往往有一种扩张的趋势，会让画面活跃起来，而冷色调则会收缩，给人一种平静的感觉。你可以选择偏冷的颜色作为背景色来凸显环境，营造距离感。

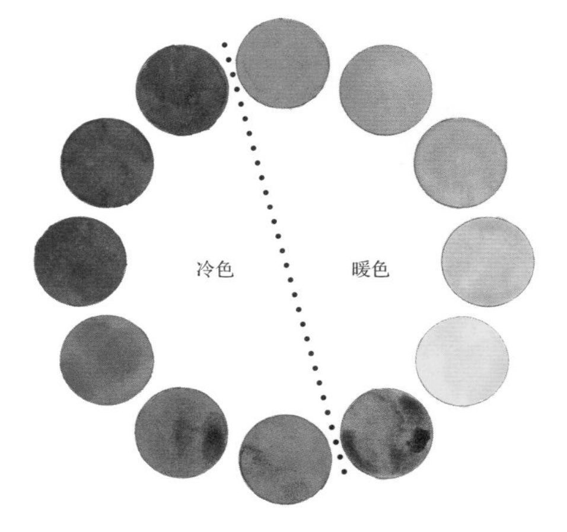

# 色彩的属性

色彩的属性包括色相、明度和彩度，我们对颜色的认知也是从这三个方面来的。色相是颜色的名称，例如红、黄、蓝。明度指色彩的明暗程度，彩度是颜色的鲜艳程度。让我们以蓝色为例进行说明。

## 色相

色相是颜色的名称。我们的调色板中有许多的蓝色，每一种都略微不同，请看以下示例。

- 钴青绿：明亮的蓝绿色
- 天青蓝：比较鲜亮的灰蓝色
- 钴蓝色：纯蓝色

## 明度

明度表示颜色的明暗度，每种颜色都有一个明度。眯着眼睛去看色轮，可以看到色轮大致分为浅色区和深色区。添加白色颜料可以改变明度，或者将颜料涂在白纸上，隐约显现出来的纸张白也可以让颜色变浅。而添加黑色或其他较暗的颜色会使原来的颜色变得更深。

- 颜料管中的深群青是一种纯色

- 加了水的深群青颜色变浅（明度更高）

- 加了熟褐色的深群青变得更暗（明度更低）

## 彩度

彩度是指颜色的纯净度（或饱和度）。颜料管中的颜色（或是色轮上的颜色）纯度最高。给某一颜色添加其补色——或灰、黑、白色——就能够中和这种颜色，让其纯度降低，或者变得更暗。

# 调色实验

用透明水彩画画是一种特别而愉快的体验，因为这种水彩混合后有不一样的效果。其他颜料（尤其是油画颜料）通常都是在调色盘上调好色之后再涂到画布上。它们也可以与其他颜料混合，也就是说，在加入白色颜料后会变得更淡。而透明水彩靠纸张的白色和颜料本身的半透明度来传递光线和亮度。一幅精心绘制的透明水彩画好像是可以自己发光的，这是其他颜料都没有的效果。

如果想让自己的画看起来富有生机和活力，最好的方法就是尽可能将不同种类的颜色涂在画纸上。这听起来似乎与大多数人在课堂上学到的方法相悖。在学校里，你会在调色盘上专门分出一块区域调色，加点这个颜料再加点那个颜料，直到调出满意的颜色后再将它画到纸上。这样肯定能调出一些很棒的颜色，这种方法没有任何问题。但我还是建议把不同的颜料直接放到画纸上进行混合，在重力的作用下颜料会自动相互渗透，这会让作品更具动态的效果。

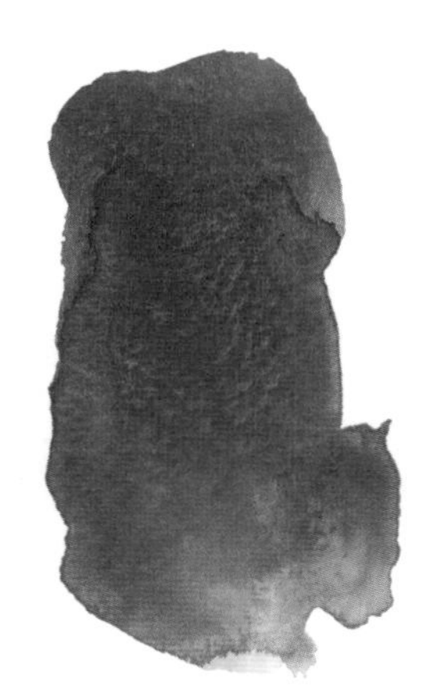

## 纸上调色

将深蓝色和深茜红在调色盘里混合，调出鲜亮的紫色。现在拿出一张干燥的小纸片，在上面画一个紫色方块，接下来在旁边画一个深蓝色方块。趁着颜料还没有干，在蓝色区域靠下的部分加上深茜红，看看颜色混合在一起是什么效果。

我们来尝试画一棵树。先在纸上画上酞青蓝，在下面加一些熟赭色，上面加一些藤黄。现在看这三种颜色的混合，一棵树就呈现出来了。

## 罩染法

罩染是一种传统的水彩技法，它是用两种或两种以上的颜料层层渲染，以产生朦胧、透光的效果。下面我们来进行罩染法的演示。在纸上（干湿均可）刷一片深蓝色的天空，这样深蓝色就是画的底色，也叫做背景色。等颜料干掉后，在蓝色背景上加一层透明的深茜红，正是因为有了这一层透明的红色，最后整片天空就呈现出了紫色的效果。

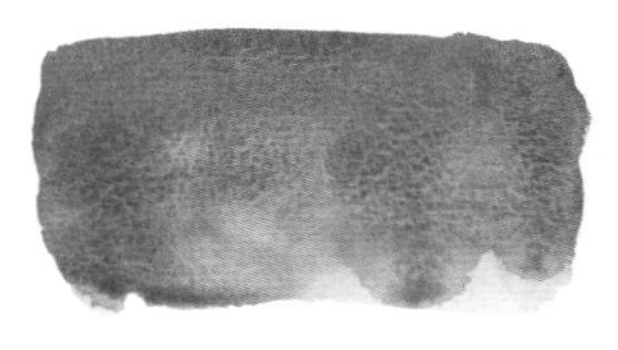

我喜欢用罩染法画日落和夜景，这时会使用很多不同的颜色，并逐步增加不同颜色的用量。然后我会用一种颜料对整幅画进行透明罩染，这样可以使整幅画看起来更和谐统一。

## 多种颜色混合

如果想要多种颜料混合的效果，那就一定要选湿纸。其实用干燥的纸也会出来相似的效果，但在湿的画纸上颜色会混合得更均匀。

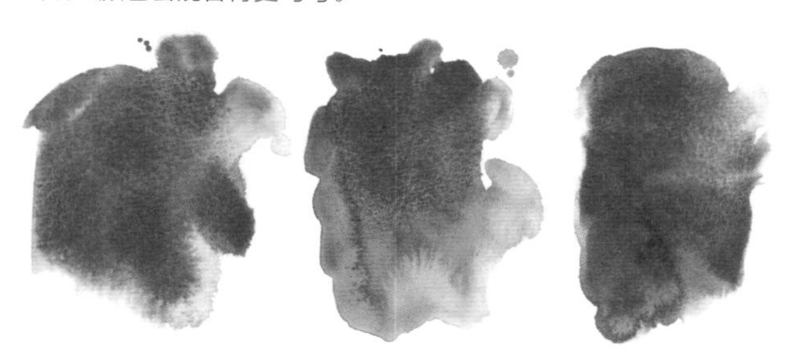

弄湿纸张，再将其晾干。等晾到湿润的程度时，在纸上上一层深蓝色，随后立即在深蓝色上加一些深茜红，让这两种颜色慢慢混合到一起，你可以稍微倾斜纸张，这样能够加速颜料相互融合。

## 湿画法

这种画法很适合用来渲染天空。我画的天空总是有很多种颜色，以及很多的色调变化。我采用的湿画法会有一点不一样，因为我不会弄湿画纸上的整片天空。我会用笔蘸一点清水，大致按照铅笔素描的线条轨迹将纸弄湿，这样最终渲染出来的天空会更具动态，让人眼前一亮。

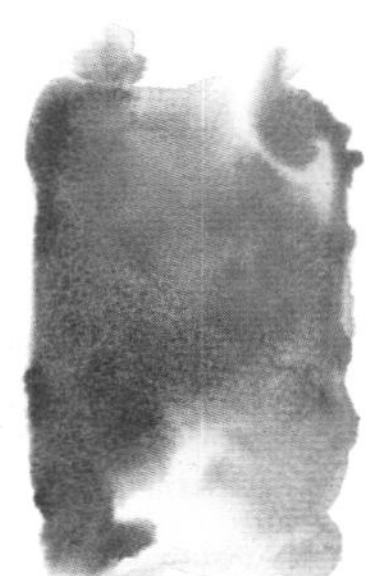

在纸上将你要上色区域的一部分染湿，然后在湿润和干燥的地方都涂上深蓝色。现在再添加另一种蓝色，当然也要空出一部分白色区域。接下来在白色区域内加上生赭色和少许深茜红。最终显示纸张潮湿部分的颜色混合得更加均匀、颜色更浅，而干燥区域的各种颜色则有明显的分界。

## 为色彩充电

这意味着增加颜色的纯净度，用强烈的颜色加强画面效果。新的颜色混合在一起，得到新的效果，这是最令人兴奋的绘画技巧之一。

## 别在调色盘中调色

有一个好办法可以判断你的颜色是否是在纸上调成的，那就是画完后检查一下调色盘。如果调色盘上有很多模糊不清的颜色，那你的画很有可能缺乏清晰的色彩。但如果调色盘中各个颜色还分得清清楚楚，那恭喜你，你是在纸上调色的。

调色盘上模糊不清的颜色

调色盘上清晰的颜色

# 颜料的属性

让人眼花缭乱的色彩不仅仅可以被我们用来讲述自己的故事，其本身就有很多特别的属性，这些属性可以制造出一些惊喜。最初，画画用的颜料都来自于有机物（即大自然中的生物）。

虽然说现在大多数颜料都是合成的，还是有一些是以有机材料为主的，这些颜料的颜色最透明、最干净。其他颜料具有染色效果，一旦干了就几乎不可能清除，不过这种颜料可以用来画底色，显色效果非常好。一些颜料是不透明的，它们没有有机颜料的透明度高。还有一些颜料在使用时会颗粒化，这些颗粒在纸上会相互分离，使画面显得更有质地。

重点是，不同种类的颜料接触纸张、水和其他颜料时会产生不同的反应。你可以去试一试，找找感觉。然后再尝试着画一幅画，边画边学边玩。

## 透明颜料

只要加的水足够多，所有水彩颜料都能被稀释成透明的。我前面已经提到，在本书中我用的都是透明水彩而非不透明水彩（水粉或蛋彩）。即使在透明水彩这一类中，也有一些被归类为特别透明的水彩。这类水彩非常适合用来进行罩染，因为纸张的白色和之前上在纸上的颜色可以透过透明层显现出来。它们在纸上不容易糊掉，干了以后也比较容易消除。

因为这种颜料是透明的，所以当你画的画太满太杂时，就可以用它来对整个画面进行统一的罩染。钴蓝色就很适合用来进行这一处理，其也很适合给傍晚时分的建筑物和街道渲染出微微透光的阴影。以下为我调色板中的透明颜料。

藤黄

黄绿

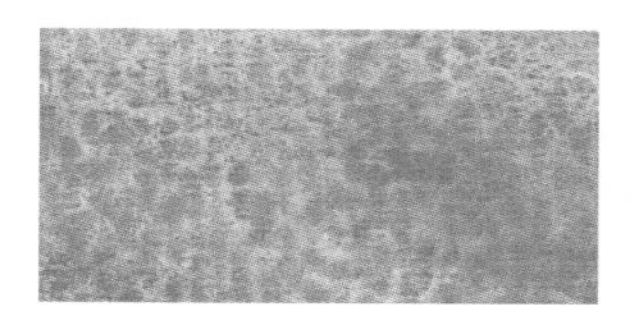

浅钴蓝

钴蓝

三色堇紫

## 染色颜料

染色颜料的颗粒已经被研磨成亚微米粒状大小。它们可以在任何介质上着色，不管是画纸还是调色盘，一开始这可能会让你有点手足无措，不过你可以慢慢去熟悉这种颜料。我们可以用染色颜料先给整个画面上一层鲜亮的底色，这样罩染之后它的颜色还可以很清楚地显现出来。以下是我的调色板中的染色颜料:

深茜红

浅镉红

酞箐蓝

歌剧红

## 怎样把颜色调好?

将镉红与其他不透明颜料混合时要格外小心，因为它们原本美丽鲜活的颜色可能瞬间就会变得死气沉沉。我发现，在纸上混合颜料能使得每种颜色都显现出最棒的色彩，颜色鲜亮，色彩对比明显，可以避免把颜料混得一团糟。不需要先在调色盘里把颜色调好，直接把颜料上在纸上就行了。

## 特别的颜色混合

经过了那么久的时间，也做过很多尝试，以下这些就是我最喜欢的混合色。颜料在纸上混合到稍有分界的程度时效果最佳。

深蓝+深茜红（深紫）

深蓝+熟褐色 (冷/暖灰）

酞菁蓝+熟褐色（偏冷色调的深绿）

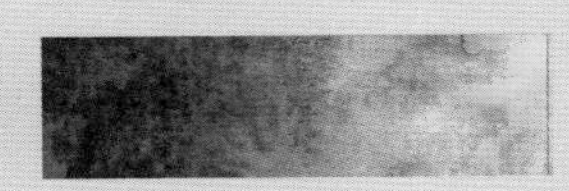
酞菁蓝+ 新藤黄（鲜绿）

钴蓝+ 歌剧红（亮紫）

天青蓝 +熟赭色（暖灰）

浅镉红 + 新藤黄（橙色）

熟赭色+ 新藤黄（棕色）

## 沉积颜料及其颗粒化

沉积色颜料的颗粒比染色颜料更大，在纸上着色后有明显的颗粒感，这称为颜料的颗粒化，这是一些厚重颜色所共有的天然属性。这种浓厚的颜色能画出纹理感和粗糙感，最典型的例子是深蓝和天蓝。

天青蓝　　深蓝

生赭色

熟赭色

熟褐色

### 不透明颜料

一些颜色的颗粒小且密集，小到其颜色可以从白色纸张或者其他颜色底色的狭小缝隙中透出来，这类颜色可以画在染色颜料层的上面。

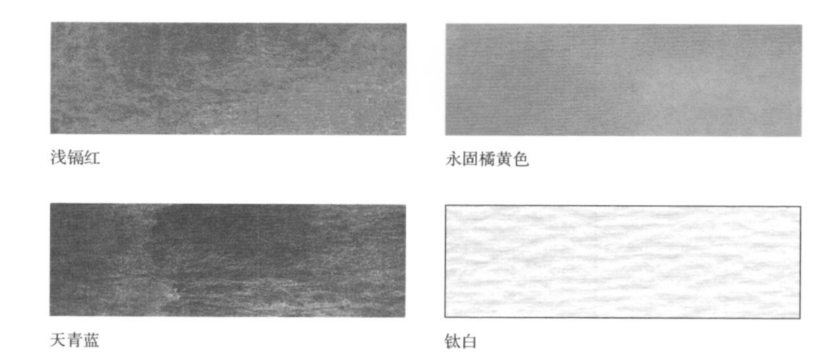

浅镉红　　永固橘黄色

天青蓝　　钛白

## 提示

使用不透明颜料时要多加注意。这些颜色虽然漂亮，但如果涂得太厚就会使原本鲜活的色彩变得暗沉、了无生气，这样就太可惜了！

### 调制灰色和中性色

对于灰色我比较谨慎，我的大多数画作都充满明亮，纯净的色彩，即使是影子也充满色彩，我甚至会在一些暗沉的场景中加入色彩。有一个关键：灰色也有很多种颜色。下面是一些混合美丽灰色的方法。

深蓝色+少许熟褐色=鲜明的冷灰

熟褐色+少许深蓝色=暖灰色

天青蓝+熟赭色=另一种暖灰色

## 提示

如果想要中和一种颜色，就用其补色去中和。记得在纸上混合颜料，这样能得到中和为不同程度的颜色。

你还可以按照从冷到暖的色调顺序，将这些奇妙的灰色与深群青以及熟褐色搭配。试着用这两种颜色创建下面的光谱图。以第一个方块中的纯群青色为起点，在后面的方块中逐步增加熟褐色的用量，最后一个方格的颜色是纯的熟褐色。

## 颜色和明度

我曾听过一句话：明度完成了所有的工作，但颜色却抢走了所有的功劳。在那之后，我每次上课都会与学生分享这句话。这句话有一定的道理，当我们为作品中强烈的明度所感染时，我们却只会说："多么美丽的颜色啊！"

明度表示颜色的明暗度。管状水彩中的永固藤黄色比永固三色堇紫明度更高。我们可以用水稀释藤黄色，把其明度降低至与三色堇紫一样的程度。

大多数情况下，一幅好画一定有一个合理的明度模式，也就是说要有明确的高明度、中明度和低明度的分布。这些明度在画中占的比重不能是均等的，最好是高明度或低明度占主导地位。

高明度作品

画黑白图案是一种很好的练习方式。你能否能画出自己想表达的东西？是否能不依赖颜色就将各个元素和物体区分开来？如果你能够做到的话那就太好了——说明你能够很好地运用明度。很多时候我们过于依赖色彩去区分不同的物体，如果用了色彩还达不到这个效果。我们就会失望不已。

低明度作品

这是我之前画的三幅图，描绘的是同一场景：一幅采用了合理的颜色和明度模式；一幅用了合适的颜色，但明度没有任何变化；另一幅有合适的明度模式，但颜色很奇怪。哪一幅画得更好？我认为是第一幅。

颜色和明度都很合理

颜色合理，但明度不合理

明度合理，但颜色怪异

## 颜色的明度到底是多少？

右图显示了我调色盘中每种颜色的大致明度。眯着眼睛看就能分辨每种颜色的明度，因为这时所有的颜色都会失去了色彩，只留下灰蒙蒙的一片。虽然所有颜色在加水稀释后明度都会变高，但这张图还是能让你对各种颜色的明度有一个大概的印象。

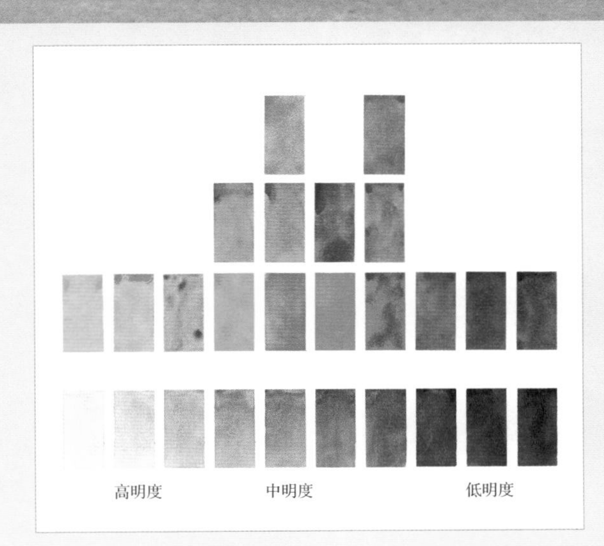

Mission St

# 开始绘画 Painting

# 时间

改变时间能使你的作品让人眼前一亮。大多数的水彩和素描都是在光照良好的白天完成的，这时候太阳可能会向左边投射出一个漂亮的阴影。改变作品中场景的时间，光照就会有明显的差别，也会让作品看起来更特别。这里举几个例子。

### 道奇体育场

白天的道奇体育场内场一片翠绿，近处画了很大一块阴影。夜晚的体育场画的是远景，大部分光来自从体育场内部，再加上背景车灯和室内灯发出的点点亮光。

## 罗拉多街大桥上的日出

整个画面是比较暗的，天空泛起鱼肚白，太阳才刚从地平线上升起。

## 罗拉多大道上的日落

太阳刚刚落山，城市中还没有灯光亮起，天空依旧是亮的。

# 城市场景

城市里充斥着各种组织结构和错综复杂的空间划分，我们可以用画笔将这种结构感和空间感很好地表现出来。不需要画得很细致，只要给人感觉好像画得很细腻就可以了。运笔的时候大胆一点，勾勒线条时不要太过犹豫，试着在作品中打造正空间和负空间。

在场景中添加汽车、公交车、电线杆和电线、标牌还有人一元素越多越好。在空中画一架飞机，让人感觉这是一个繁忙的下午。留出一些空白区域，不仅能让眼睛放松一下，还能与旁边复杂的图案形成对比。涂在画纸上的颜色要比现实中的更大胆鲜明，强调明暗的对比，阴影也要画得浓墨重彩。下面是一些例子。

**从高速公路上看到的洛杉矶市中心**

我给建筑物涂上了夸张的颜色，用笔勾勒出窗户和建筑的细节部分。仔细看的话会发现那根本不能算是细节，只是一些用笔轻轻点上的白色，但却能迷惑我们的双眼。

**城市里下雨的夜晚**

我在画洛杉矶夜色下的高速公路时使用了大量的白色。那些看似是窗户和汽车前灯的地方实际上只是很多白点组成的网格。从路面上反射的倒影可以看出这是一个雨天。

## 联合车站和摩天大厦

这幅画是典型的钢笔素描，画中五颜六色的建筑物重重叠叠。用水彩在前景中渲染出汽车大概的样子，可以激发观众对整幅作品的兴趣。左下方的小型草图更是为整个作品增添了很多趣味。

## 旧金山的唐人街

汽车、标牌、行人和建筑等元素充斥着整个画面，这是某天下午洛杉矶的繁华街道。远处是用线条和正/负空间画出的帆船、大桥和海岸。

## 地铁站

这幅唐人街地铁站是一幅钢笔绘画，采用交叉阴影线打造阴影。我用纯黑钢笔画阴影区域，草图完成后，又添加了鲜艳的水彩，让阴影和建筑物的细节更加明显。

# 阴影

阴影会使整个画面更加清晰、对比度更强。我们可以通过改变阴影去改变画中场景的时间，营造不同的气氛。大多数人会选择灰色或黑色绘制阴影，但是我建议使用彩色。将钴蓝和歌剧红或者深蓝色和深茜红混合，能调出清爽的颜色。先刷阴影，然后画墙面。用海蓝色和熟赭色混合后调出的颜色画草地上的阴影。沿着地面拉长阴影的长度，尤其是近处的阴影，这就表示时间是下午晚些时候。这样可以调整构图，引导观众看向画面上方。如果要画白色的墙壁，那就用白色给整面墙打底，无论这面墙上有没有阴影。这样做有利于整合不同的元素，让画面更加统一。记住阴影方向要与光照方向一致，这样才能保证所有阴影都来自同一个光源。

**阿洛游景观酒店**

午后的阳光在这栋楼房的侧面投下了柔和的阴影。我选择混合歌剧红和钴蓝，调出的颜色能够画出阳光闪闪发光的感觉。我先涂阴影的颜色，等颜料干掉后再盖上一层生赭色，最后就形成了墙面的颜色。

**亨廷顿图书馆**

这里我对建筑物的处理方式与前一个例子类似，不同之处在于墙面左边是白色的。从翠绿色的草坪和前景中大片的阴影可以感觉到这已经不是正午了。

## 帕萨迪纳市政厅

这幅画对阴影的处理非常巧妙。我一般会用调好的紫色去画阴影，这幅画中左边建筑前面的阴影也不例外。建筑物前面有一条一条的树木投下的阴影，拱门也在阴凉处。圆顶上有一部分没有上色，表示阳光反射的地方。我们也可以据此假设这是塔楼背光的一面。走在楼梯上的人也在楼梯上投下了淡淡的阴影。

## 洛杉矶第六街大桥

这幅画主要就是阴影构成的。阳光投下的阴影跨过整个桥梁支架，径直投射到远处的河道和前面的草地上。从亮处和暗处的强烈对比中可以看出这是阳光明媚的一天。

## 洛杉矶，图书馆台阶

一栋又一栋摩天大楼将画中的大部分都覆盖在阴影之下，左下角有阳光投射进来，显得阴影部分更加明显。钴蓝和歌剧红混合后非常适合画阴影，会给人一种凉爽的感觉。

# 虚光图

通常，留白的部分与上色的部分同样重要。在图案周围或内部留下白色区域（或者说是负空间），有助于让人们关注到画中真正重要的部分。在画草图的阶段试着画一些小插图，并学着去欣赏留白的部分。

钢笔素描中有一个不错的绘画手法：画纸中央的图案尽量画得精细一点，越向外就越虚化。同时只给中间的部分上色，向外的部分留白。下面是一些例子。

**南帕萨迪纳的水槽**

在这幅速写中，我完全没有关注背景，好让观众不被其他因素干扰，把注意力放在整幅画的构图和中间的树上。

**山坡上的房子**

这幅小型的速写画是由钢笔线条再加上简简单单的几种颜色完成的。凭借别致的图形以及负空间的作用，房屋和树木紧紧地重叠在一起。

**帕萨迪纳市的老街区**

画面一开始只是单纯的钢笔素描。虽然视角和构图都很不错，但有些死气沉沉。我在画中央添加了一些柔和的色彩，随着这些色彩向外扩散，画面仿佛动了起来，也好像有了生命。如果整幅画都是彩色的，就不会有这么有趣的效果，所以我只在中间这部分上了水彩。

**基勒的后院**

这幅画展示了超小型插画中的一种绘画手法。我们可以看到，整幅画色彩饱满，但越靠近右侧颜色越淡，这样人们就会关注那些明暗对比强烈以及互补色交汇的地方。

**太平洋冲浪者号列车**

这幅颜色清新的插图最吸引人的地方就是画面中央，如果背景中再加上建筑物和其他元素，则会分散观众对处于画中央的列车的关注。

# 光的反射

反射会使整个场景更有活力、色彩更丰富，我们可以在一场瓢泼大雨后的下午这样的画面中加入反射，或是用反射的效果给画面的前景增添趣味。

在画一个物体的同时也要将其倒影画出来。当画中有一片墨绿色的树林时，就直接在下方绘制其倒影。在倒映的图像上画一些横线，表示水流动的痕迹和大大小小的水洼对倒影的改变。在夜晚的城市街道上，反射出来的物体要比被反射物体的实际长度长得多。

画湖泊的时候也是如此。如果反射出来的图像很清晰，那说明水面十分平静，如果水面起了波澜就会反射出碎片般的颜色。下面是一些例子。

## 帕萨迪纳市南部的街道

这幅画的前景中充斥着五颜六色的倒影，使得原本简简单单的街道和铁轨马上就妙趣横生起来。因为要突出反射的作用，所以形状和颜色都比较随意，颜色上更是多种多样。在倒映出的颜色上刷出一条条横向的痕迹表现路面上的积水，这也让反射的效果更加明显。

## 圣达菲车厂

由于这是水平方向的场景，我利用背景中的树木和近景中的反射为画面增加了一点垂直感。画中的倒影是微妙而抽象的，没有那么具体清晰。

## 洛杉矶的雨夜

一个下着雨的夜晚是发挥反射作用的绝佳场景。高速公路上汽车的尾灯倒映出了鲜红色的条纹。在作品中央，远处建筑物发出的灯光也在高速公路上形成反射。不要纠结于画得准不准确，尝试大胆用色，在创作中寻找一种兴奋感。

## 洛杉矶河

在这一片平静中，洛杉矶河像一面镜子倒映出河岸、混凝土建筑和后面的幽幽树影。还有一束阳光从树丛中间穿过。尽管这是一种镜面反射，我还是给河中倒影的颜色加入了歌剧红和钴蓝，这样画面就多了一点活泼感。

# 树木

想要画一棵树的话，人们一般会先画树干，然后画树枝，最后画树叶，这样看起来会比较有条理，然而事实并非如此。画树时从形状和明度方面考虑，效果会更好。参考草图上的明度和构图，就能够看出来树丛的哪些部分比较暗。先在树底部有阴影的一侧涂上深色的颜料，然后在树顶用上亮一点的颜色，让这两种颜色混合。采用消极画法勾勒出前面颜色较浅的树丛，颜色较深的树木放在后面。在颜料慢慢变干的过程中，用刮刀迅速地一点点刮出树干和树枝。加大阴影区域和明亮区域的差异，创造戏剧性和趣味性。使用白色和深色颜料，在浅色背景下绘制深色树枝，在深色背景下绘制白色树枝。画到树干底部的时候，为树干的一侧上色就可以了，这样做的目的是凸显阴影。如此一来，地面上的阴影和树干就连接起来，树木也与景观融合在了一起。下面是一些例子。

**帕萨迪纳市的格林街**

在这个城市景观中，街道两边的树木连成一片，形成了一个庞然大物，一边较暗，一边较亮。两边的树干一根根排列着一直延伸到远方，我们得以知晓这片绿色是由很多棵树形成的。

**科罗拉多州的松树树影**

这幅小型草图比较夸张，前面有一颗松树，色调很暗且颜色厚重，对草地形成了包围。我用尖头画笔画树枝，随意刮几下来显示枝干的细节。背景是远处的一片白杨树，刷的是黄色和深绿色，白杨树树干的颜色反而比较浅。

### 阿罗约锡科的小路

在这幅画中，明暗的对比与刻意添加的刮痕表示光照和阴影。

### 洛杉矶公园里的棕榈树

这张速写说明，即使没有过多的细节，仍旧可以把树画得惟妙惟肖。棕榈树的轮廓略显随意，似乎是在微微颤动，上面的树叶颜色不一，有黄色、绿色、蓝色和红色。棕榈树靠下的部分是深色的，一直向下延伸，形成树干。近处和远处的树木颜色差别很大，凸显层次感。注意看树干是如何融入到其在草地上投下的浓重阴影中的。

# 天空

画一片美丽的天空的关键在于其形状、明度和颜色。大胆尝试不同颜色，如蓝、紫、红、黄，白、灰，还有棕色。用水彩颜料画天空会更容易——这些颜色几乎能自动形成一片天空！

即使画的是一片晴朗的天空，我可能也要用到三种蓝色：深蓝、钴蓝、天青蓝或浅钴青绿。深茜红和生赭色能给人以暖意。如果要画云投下的影子，那就用深蓝色与熟褐色混合调制出的浓郁冷灰。如果想要天空有波澜壮阔的感觉，那就用灰色和蓝色调成深色的颜料，涂在还没上色的区域旁边。可以试着蘸清水随意涂抹在天空上。

请记住，留一些空白区域，颜料不要涂得太满，在纸上混合颜色，不要怕出现意外状况，接下来的一切交给重力完成就好。下面是一些例子。

**考艾岛夏日的天空**

这幅速写画整体色调较轻，用的颜料中也混合了大量的清水，画出白云的柔软。至于天空，我只用了钴蓝和深蓝去涂抹。

**科罗拉多州冬日的午后**

科罗拉多州冬季的天空是淡蓝色的，且万里无云。这幅画画的是下午晚些时候的景象，太阳正朝着地平线缓缓落下。我用生赭色和新藤黄涂抹天空，后面慢慢褪成了介于钴青绿和天青蓝之间的颜色。这幅画中的颜色都调得比较浅，好让画纸能透过光线，让画面显得有些温度。

## 伊顿峡谷的日出

画面中留白的一小部分表示太阳，周围的颜色是调淡了的生赭色和新藤黄，再慢慢过渡到深蓝、钴蓝和歌剧红。注意看，太阳被周围的颜色衬托得十分耀眼。

## 科罗拉多州下午的暴风雨

这幅画的大部分都被阴暗的、暴风雨来临前的天空占据。注意看，在旁边小片白色天空的衬托下，乌云显得更暗了。在蓝天和乌云之间有一条白色的间隙。

# 人物

在场景中添加人物能为画面注入生命和能量。我十分建议大家把人画得模糊一点，这样的话一笔就完成人的身体，然后在上面加一个小点表示头部即可，画得越随意越好。我曾经看过很多原本很不错的作品，但毁在了那些精细描画、形态僵硬的人上。我喜欢给画中的人涂上鲜亮的颜色，最好是与背景颜色互补。如果画的是一群人，那就要用多种不同的颜色。绘制人物的时候，先用钢笔画出轮廓，然后再添加鲜艳的颜色和图案，光线强烈的地方不要上色。

**费尔奥克斯的药房**

画面上隐隐约约似行人的图形给整个场景注入了生命。形状越随意效果就越好——只要保持合适的比例和构图即可。我尽量把每个人的体型都画得差不多，以避免视觉上的错乱。

**洛杉矶的街景**

这张图中的行人看起来都隐约不清，只有代表头部的一点看起来比较清晰，越向下颜色越浅，直至与环境融为一体。

### 新奥尔良的世界咖啡馆

一列抽象的形状按照光谱颜色的顺序排开，暗色调的背景里有一些白点，很明显这家咖啡馆里聚集了很多客人。

### 机场候机室

这是个印象派风格的候机室场景，近处的旅客画得相对细致一点，其他人都是由粗略的线条和形状构成的。

### 休息的男人

画中的男人身穿鲜艳的红色衬衫，与深色的背景相呼应，使得这幅简单的小型速写画妙趣横生、张力十足。

# 汽车

人能够给作品增加趣味性，车辆也是如此。画汽车是为画面添加强调色的绝佳途径。汽车与人是一样的，画得越简单越好。下面介绍一种绘画手法，画一个横向的图形，在四个角的下面画上轮胎，再画两条白线横穿过车身中间，最后加上两点红色。车窗的颜色可以是深色，也可以是浅色。在有光照那面画上深色的车窗，让阴面的车窗透光——反过来也可以，具体情况取决于画本身的设计。这是一个很实用的方法，想象一下，在深色的背景中有一扇透着光的车窗，这会非常抓人眼球。

你可以利用互补色来为画面增添活力（如橘红色的汽车与深蓝色的背景）。如果汽车是红色的，那可以再来一点橙色或黄色，让颜色更多变。注意不要给整个车身都上色，留白一小部分表示太阳照在金属车身上的闪光。在绘制车辆时，先用钢笔画出轮廓，然后加上鲜亮的颜色。

**伊利森公园大桥**

在这张速写画中，车窗的颜色都很暗，但车身的颜色都比较鲜艳，一定要确保刹车灯是“亮起”的，这样画面里就又多了几抹漂亮的红色。

**洛杉矶的塞车时段**

仔细观察画面中川流不息的车辆，它们并没有画得特别复杂：两个横向的矩形，每个矩形最上面的一条边都是白色的，底部的两个黑点是轮胎，车身上还有两个明显的红点表示亮起的刹车灯。

## 考艾岛上的旅行

这幅画一开始是一张钢笔素描，后来我回到画室后又给它上了颜色。

## 甲板上的视角

这张速写画的是从甲板上向下看到的两辆停在路边的车。如果你有随身携带速写本的习惯，那么就可以利用这样零碎的时间练习画车。

# 白色颜料

历史上，传统的透明水彩画家主要依靠纸张的白色来表现作品中的白色和较亮的部分。一些画家会使用留白胶覆盖需要保护的白色区域，这样就能没有顾虑地进行绘画。等水彩干燥后，把涂有留白胶的地方擦掉。虽然我之前也这样做过，但我更喜欢选择性地使用白色颜料。选一支好点的勾线笔，蘸取白色颜料，给作品来一个最后的点睛之笔吧。

我用白色不是为了大范围地涂抹，而是为了强调一些线条，以及对细节做最后的处理：细小的树枝、窗户上的竖框、栏杆、椽尾和其他一些建筑物细节。白色还可以用在标牌和汽车前灯上，也可以突出幽深背景中各种各样的小细节，或者是用来画夜间室内的灯光。有时候我也会在一团深色的树丛中轻轻地点上一些白色。我发现钛白色的覆盖效果最好，但是用的时候切记要薄涂。

**水晶湾的小屋**

这是一幅以深色为主的画。我用勾线笔蘸取白色颜料勾画出窗户的边框和平台上的栏杆，以凸显木屋的线条感，为场景增添了一点亮色。

**科罗拉多牧场里的房子**

因为房屋门口处几乎完全处于阴影中，所以我需要把门窗清楚地画出来。虽然现实场景中窗户和门框的颜色没有那么亮，但这里用了比较夸张的颜色，这样才能把门窗凸显出来，让观众看得明白。我还用了白色来突出金属屋顶上一条条的缝隙。

## 雷德兰兹的烟花

为了画出绽放在空中的烟花，我在深蓝色的夜空中加了几滴白色颜料，由它们自己蔓延开来。等到颜料干了以后，我再用手指蘸取一点白色画出些许条纹。

## 船只

这只船的外围环绕着几圈明亮的白色栏杆。同时，窗户边框和两只烟囱之间的立体字母也是用白色画的。

# 夜景

描绘夜晚的作品通常都是夸张的，不同于我们日常看到的场景。太阳落山后，场景的颜色就会完全不同，一切都被覆上深蓝灰的冷色调。街灯和建筑物内部透过窗户发散出的光带给人一点暖意。画面顶部的夜空最暗，在接近地平线的地方，由于光线的反射，天空会稍微亮一点。想要了解夜间的光线如何，去拍夜景是个不错的方式。画夜景的时候，我会先晕染一片发亮的黄色，从主要的光源开始，向外逐渐加入红色和蓝色。用不透明的白色突显窗户和其他一些细节。另外记住，构图尽量简洁一点，细节上也不用过于深究。

**帕萨迪纳的市政礼堂**

从画面中可以清楚地看到生赭色到深茜红再到深蓝的渐变。通过将海蓝和熟褐色混合搭配，画出了一片深色的天空。

## 佛罗里达州，彭萨科拉的货船

天空很暗，船上的窗户透出黄色的灯光，甲板上的机器和人员活动都是用白色勾勒出来的。

# 室内场景

室内对于水彩速写来说一直是一个有趣的场景。人们大部分时间都待在室内，在室内练习的话环境也相对舒适一些。我在速写本上画过很多室内的场景，如火车站、机场、会议室和候车室，我还在火车和飞机上画过画。

室内场景绘画的一大难题就是画面的透视效果，说到透视，最简单的形式就是单点透视了（参见第30-31页）。在单点透视中，所有的线都向一个灭点集中，效果类似于一条延伸到远处的铁轨。

第二个难题是光照。通常在完成初始的草图后，我会给整幅图刷上渐变的色彩，首先为主要的光源（通常是窗户）刷上浅黄，慢慢向外围晕染，在光线慢慢消散的地方加上红色和蓝色，这样颜色就从暖色调过渡到冷色调。

透视草图画好了，也加上了冷暖渐变的颜色之后，剩下的就是添加建筑物和一些细节，有时候还会加上人物，最终整幅作品就完成了。下面是几个例子。

**洛杉矶联合车站**

这是一幅有两个光源的单点透视图。一个光源是左侧的窗户，清晨的阳光透过玻璃泻在地板上；另一个光源是大厅尽头的入口。注意看光和人在地板砖上都有反射。

**室内音乐会**

音乐厅内的地板和座位都是几笔完成的，没有任何细节。观众是在一个个网格中松散、斑驳的形状。光来自舞台，并逐渐向外扩散。这是一种比较随意但效果很好的绘画手法。

### 洛杉矶的购物商场

这是一个多彩的场景，呈透视效果的人流、商店、标志和伞。天桥和天窗是这个场景的亮点。

### 验光师的工作室

这是一幅看起来完全平面、只有纵向区分的速写，没有任何的透视效果。背景的五彩斑斓以及积极/消极画法的使用让这幅画显得别具一格。

### 帕萨迪纳的标牌店

这幅画是根据我朋友工作室的全景照片完成的，基本上就是一幅钢笔画，只是在某些地方加了点颜色。由于全景照片本身存在的弧度，整个画面有多个灭点。

# 淡色水彩

偶尔我喜欢画一些整体色调比较淡的水彩，涂少量颜料在干燥的画纸上，然后立即加水稀释颜料。使用这种手法去画有建筑物的城市时，能够画出一座阳光灿烂的城市。纸张的白色会透过颜料隐隐若现，产生柔和的光线。

这需要耐心和一双灵巧的手。你总是会忍不住想多上一点颜料，但这容易使一幅原本色调明快的画变得暗沉而混乱。

不要担心线条会变模糊。给某一区域上完色后，用水在上面点几下，让颜料扩散到区域之外。为钢笔画上色时，不用总是被线条束缚住颜色，有的地方出去一点也没关系。选择性地使用水溶性钢笔，这样可以使画面比较松弛，颜色也比较淡，因为水溶性墨水一接触水或颜料就会晕染开来。下面是一些例子。

**洛杉矶菲利普斯**

将这幅画与117页完成的作品进行比较，我们可以看出左侧这幅水彩要更柔和、更淡，甚至有些地方是模糊不清的，这给观众留下了无限遐想的空间。

**洛杉矶市政厅**

这幅画是在热压纸上画的。对于这种画纸来说，颜料无法浸入纸张里，只能停留在纸张表面，不同的颜色在纸上几乎不会相互混合。随意泼洒的颜料再加上清水，使得整个画面的色调都比较浅。

**基勒火车站**

这幅画的整体色调是比较明快的。除了两边有两棵树是深色的之外，大多数地方用的都是同一色系的浅色调，这样天空和山脉的颜色就自然而然地过渡到了房屋上。

**新墨西哥州，圣达菲的守车**

我用浅色的铅笔勾勒出线条，然后一次性把所有的颜色都刷上去，让它们相互混合，这就模糊了不同颜色之间的边界。

**圣达菲火车站**

在这幅画中，天空的颜色一直延伸到了屋顶上。车站的大部分都是模糊的，尤其是屋顶与天空的交界处，没有清晰的边界。

# 积极画法和消极画法

所谓消极画法，就是为某一物体周围都涂上深色，以突出中间较浅的物体。可以用这种方法来画树干和树枝、建筑上的细节、汽车以及人。通过结合积极和消极两种画法，还可以进行一些有趣的图案设计。我画树干的时候喜欢先用消极画法，再用积极画法，最后又回到消极画法，用什么颜色要取决于背景的明度。

这两种画法的交替使用也很适合用来画桥上的栏杆。如果某一段栏杆的背景是白云，那就给栏杆涂上深色，那如果另一段栏杆的背景是深蓝色的天空，那涂上浅色或者直接留白就好。

以这种或积极或消极的画法增强对比度，会让画纸上的小小空间立即变得妙趣横生，同时还给原本没有细节的地方加入复杂的细节。下面是一些例子。

**亨廷顿朗廷酒店里的木桥**

积极和消极画法形成的线条和形状相互作用，才使得这幅画如此生动。注意看，在有深色树木的区域中，我用浅色突出了木桥的结构，而在以天空为背景的地方，木桥的颜色又变深了。棕榈树的叶子也是有的地方浅有的地方深，这都要取决于它们的背景色。

**酒吧**

这幅小作品一开始只是素描，后面我为其上了一层由浅到深的颜料。每个酒瓶都有颜色，不过到底是用积极还是消极画法上色，还是要看酒瓶周围的色度。

### 帕萨迪纳市花园里的石阶

从这幅画中你可以清楚地感受到，我运用了积极和消极画法画出了这一片森林以及远处的光线。注意看树干和树枝的颜色是由深变浅再变深的。

### 奥维拉街

这幅速写的大部分采用的都是消极画法。背景是一片深色，这样就可以用鲜亮的色彩和高光凸显出凉亭、游客和气球。

### 快闪汉堡店

我是趁着坐在车里等汉堡的空隙画的这幅画，当时只有匆忙的三分钟时间。当天晚上我回到画室，发现这幅画只有一些抽象的线条和模糊的形状，大约是汽车和汉堡店标牌的轮廓。这让我忍不住采用了一些大胆的颜色和明度，这幅画并非是写实的，而重在图形的表达。

作品演示
Demonstrations

# 夜景绘画

图片中是位于加利福尼亚州帕萨迪纳市的阿洛游景观酒店，这座历史悠久的建筑俯瞰着旁边的河流，周围郁郁葱葱，白天阳光会在这里投下形状有趣的阴影，夜晚的酒店灯火通明，让人惊叹不已。

## 构图与色彩

首先从一幅粗略的草图开始。在这里，我参考酒店白天的照片画了一幅铅笔素描，酒店的一侧在对面的墙壁上投下大块的阴影。另外一幅钢笔画画的是夜色下的酒店。

## 提示

你不用完全照着照片来画，想象画面中有多个光源，把一些光线画得亮一些，或者为某些地方加上光线，让画面看起来更夸张。

## 选择时间

同一个场景在不同的时间内可能会大不相同。在决定画哪个时间点之前，你要在不同的时间点到这个地方，多拍几张照片以供参考。根据白天和夜晚的场景绘制一些粗略的草图，研究一下色彩搭配，最后选择一个你比较满意某一时间点下的场景进行创作。

## 初始绘图

分三步完成作品。首先，用软芯铅笔画出大致的轮廓，确保画出的图形大小和整体构图要合理。然后用防水的针管笔在在原来的铅笔素描上添加树木、窗户上的网格和一些细节。水溶性的墨水会渗透在纸张上，所以最后可以用水溶性笔突出一些线条和形状。

## 背景颜色

为了营造光从酒店大楼中心发散出来的效果，我们对画面进行罩染，整体的颜色从新藤黄慢慢过渡到深茜红和深蓝。用干燥的纸张作画，不同颜色之间离得近一些，便于它们在纸上混合。

每上一次色就增加一些颜料的用量，等一层的颜料干掉之后再上下一层。至少要进行三次罩染，画面正中央需要留白。

## 四周的树木

在等到背景的颜色干掉后，我们就可以画四周的树了。不要把树逐棵画出来，用不同深浅的蓝色、绿色和黄色，再加上几笔显眼的红色和橙色，涂抹出一片抽象的树丛就可以了。

## 添加层次

接下来为树丛添加层次，让暗的地方更暗，亮的地方仍旧保持不变。为最靠近光源的树木涂上黄绿色，楼房的外墙和顶部的阴影涂上钴蓝和歌剧红，让这些颜料在纸上融合。另外，用画笔末端的刮刀随意刮出一些树干和树枝。

## 细节完善

将屋顶漆成鲜红色，与整体的暗色调形成互补，将钴蓝、歌剧红和少许生赭色涂在墙壁上，使其颜色更丰富、更有纹理。用勾线笔蘸取钛白色画一些窗口，以凸显屋内透出的亮光，再画几笔添加一些树干和树枝。然后用这支勾线笔蘸取黑色涂剩余的窗户，并对一些白色树枝进行延伸。

# 传统静物画

画一幅传统的静物画非常简单，简单到就像倒一杯酒、切几块奶酪，再添置一些其他元素，让午后的阳光在这些物体上透射出美丽的投影。调整物品的位置，直到呈现出满意的构图，拍几张照片后再重新调整物体的位置，这样就有了不同的阴影形状。我最喜欢图中的物品摆设方式。

## 研究草图和初始绘图

首先用铅笔画出场景中主要物体的轮廓，这里我用的是9"×12"（23×30cm）全媒体速写本，再加上防水性和水溶性钢笔。

如果你对自己画的草图还比较满意，那就开始初步的绘图吧。先用铅笔画出物体的大致轮廓，再用钢笔进行勾勒。我画的时候小心翼翼，希望能呈现出酒瓶和玻璃杯之间的对称感，同时让整体的透视效果看起来贴近现实。我希望最终作品给人的感觉是简约随性的，所以我握笔的力度较轻，并用精细的线条勾勒图像。

## 酒瓶

将深蓝、熟褐色、酞菁蓝以及橄榄绿混合后为酒瓶瓶身上色，用深蓝和熟褐色再加上少量水进行调制，将酒瓶的顶部涂成黑色。留一小片不上色的白色区域代表光反射的地方。瓶底的阴影是由深蓝和深茜红在纸上混合形成的，蘸取清水模糊阴影的靠上部分和酒瓶顶部的边缘，同时用生赭色、钴蓝和歌剧红绘制贴在瓶身上的标签。

## 酒杯

用深茜红表现出在玻璃杯中倒上葡萄酒的效果，稍稍改变色彩强度让画面多一点变化。留出一条细细的白色边缘，表示反射在葡萄酒表面和酒杯有光照一面的光线。再用深蓝和深茜红涂杯脚和阴影。

## 奶酪切片

用新藤黄、喹吖酮金和生赭色混合调出的颜色来涂抹奶酪和瓶塞，留下一些未上色的白点。在颜料仍然潮湿的时候，用钴蓝和歌剧红涂抹出阴影，让这些颜色在画纸上融合。在绘制砧板投下的阴影时，改变一下钴蓝和歌剧红所占的比例，同时蘸水晕染阴影边界，使其变得模糊。

## 砧板和刀

等到阴影部分的颜料干了之后，用熟赭色、生赭色和喹吖酮金混合调好的颜色涂抹砧板。桌子的颜色是生赭色，生赭色逐渐褪色，直到与纸张的白色融为一体，这样就行成了一幅虚光图。在刀的表面和侧面轻轻刷上一层淡镉红，再在奶酪块和奶酪切片上的阴影涂上熟赭色，也不要忘了为投射在砧板和桌面上的阴影上色。

## 润色和收尾

为葡萄酒添加深蓝色，使其颜色更深。将钴蓝和歌剧红混合，调成较浅的颜色，用于为酒瓶上的标签添加阴影，同时在刀上添加一些红色。用勾线笔蘸取深蓝色和熟褐色，为砧板上的标签添加细节，并加深刻在上面的字母，再滴几滴清水稍稍模糊砧板上的字迹。然后用上面的颜色为酒瓶上的标签添加细节。用勾线笔蘸取钛白色，画出光在酒杯底部折射出的曲线以及刀上的商标，再将开瓶器、刀片以及刀环提亮。最后在画面上点一些颜色收尾。

# 艺术手法的应用

山脊路位于科罗拉多州，是一条横贯落基山国家公园的景观公路，每个转弯处都风景如画。图中的场景是在山谷上的小型停车场以俯瞰的视角拍摄的。从图中可以看出这条公路一直延伸到山腰处，在森林中蜿蜒穿行。我虽然喜欢这个场景，但也觉得它稍显单调，所以想进行一些改动。记住，即使是参考现实场景中的照片进行创作，也不必完全照着照片上的样子来。使用艺术手法对原来的场景进行修改和调整，让画面更加夸张、多彩、更有层次。

### 草图

首先用铅笔画图，确立画面的明暗度，区分低明度、中明度和高明度区域。

如果你在室外，赶不及在现场画草图研究明暗度和构图，那就先尽快画一张素描，然后再拍张照片。

画两幅色彩不同的画，一幅颜色比较松弛，一幅颜色区分比较明显。这能帮助你再次熟悉场景，是正式创作前一个很好的热身。

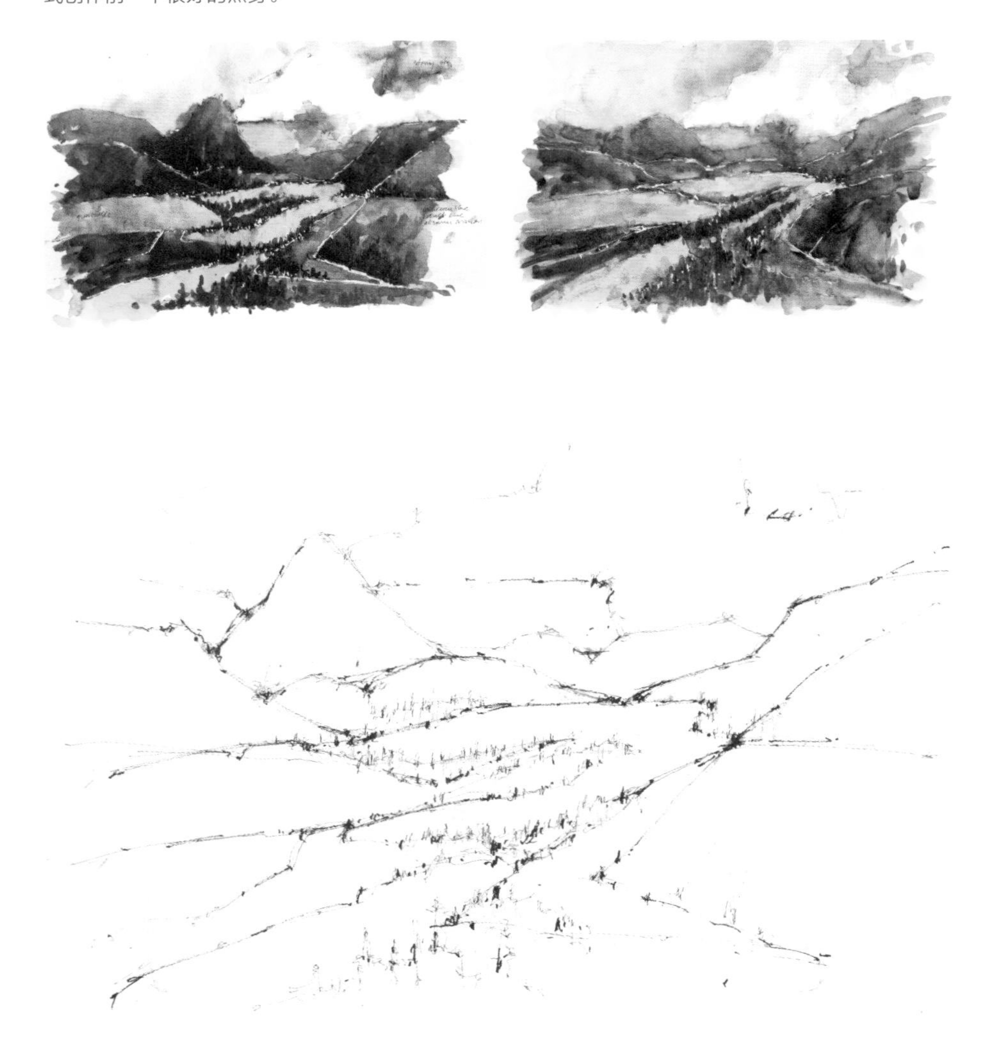

## 初始绘图

到了这一步，用软芯铅笔粗略画出场景中所有物体的轮廓。然后用防水性针管笔在原来的铅笔素描上进行再加工，再用水溶笔突出山峦的形状和主要的线条。

## 第一次上色

首先用深蓝、钴蓝和天青蓝涂抹天空，再刷少许熟褐色表示乌云，暗示一场风暴即将来临。在这里我用水溶笔为云层增添了暗色调，使其看起来更具戏剧效果。

## 山脉

等天空部分的颜料干掉后，混合深蓝和深茜红，为远处的山脉上色。使用海蓝色、熟赭色和新藤黄，为稍微近一点的山脉上色，让这种颜色与紫色稍微混合，在山脉相交的地方留一些白色的细线。画山脉时，可以将同种颜料稀释到不同程度，还要选择多种不同的颜色，这样能让山看起来更真实、更有趣。

## 山谷的颜色和前景

选取新藤黄和永固橙黄色涂抹山谷，渲染出漫山长满白杨树的效果。湿润的笔头使得松树的形状和线条变得模糊。最后将海蓝色与熟赭色、橄榄绿和黄绿色进行混合，画绿色的草坪，这样第一次上色就完成了。

## 松树和阴影

使用海蓝、深蓝、熟赭色和熟褐色，在谷底和远处的山坡画上松树林。使用中号的紫貂毛画笔画大片的树林，用笔尖画树林的边缘凸出来部分，偶尔也可使用勾线笔去勾画前景处的树干和树枝。

## 创造景深

接下来用深蓝绿色对山脉进行再加工，以创造景深效果，让前景的山脉显得更加清晰。为天空多加一点暗色，以进一步凸显出云层。

## 细节完善

用勾线笔蘸取钛白色在松树比较密集的地方绘制，让画面显得更加逼真。为画面加一些淡镉红，表示山谷里偶尔出现的小屋、车辆或徒步旅行者。最后对三角状山脉的左侧进行延伸，以削弱山脉的对称性，扩大阴影区域。

# 绘制城市场景

这幅画画的是洛杉矶市中心最受欢迎的餐厅之一。这幅作品参考的是从街对面拍到的餐厅照片，这张照片中包含了一座钢筋混凝土城市所必备的所有元素：标牌、电线杆、电线、广告牌、行人以及光的反射。照片中还停着几辆车，种了一棵矮矮的树，但我并没有将它们画到作品中，而是把重点放在了建筑、人和阴影上。要牢记——运用艺术手法！

## 明度与色彩研究

先画一幅简单的铅笔草图，研究一下场景的明暗度。在这里，我改变了阴影的形状，将背景中的建筑置于阴影中以强调前景，同时加上了遮阳篷在墙壁上投下的有棱角的阴影，这让画面显得更加有趣。为了进一步增强明暗对比，用钢笔和墨水再画一幅草图。基于这些图的明度和构图，我们就可以开始研究色彩的搭配了。这些准备步骤都是创作前的预热。

## 初始绘图

参考之前拍的照片和画的草图，用铅笔轻轻画出大致的轮廓，确保透视是合理的，不要将电线杆放在画面中央。不要画得太大，留下充足的空白区域供你虚化背景（如果想的话），这样也能防止到了最后想要重构画面却没有空间。接下来用钢笔在铅笔画上做图，不用画得很细致，寻找一种随意的“城市速写”的感觉。最后，用水溶笔突出一些关键的建筑物线条和细节。

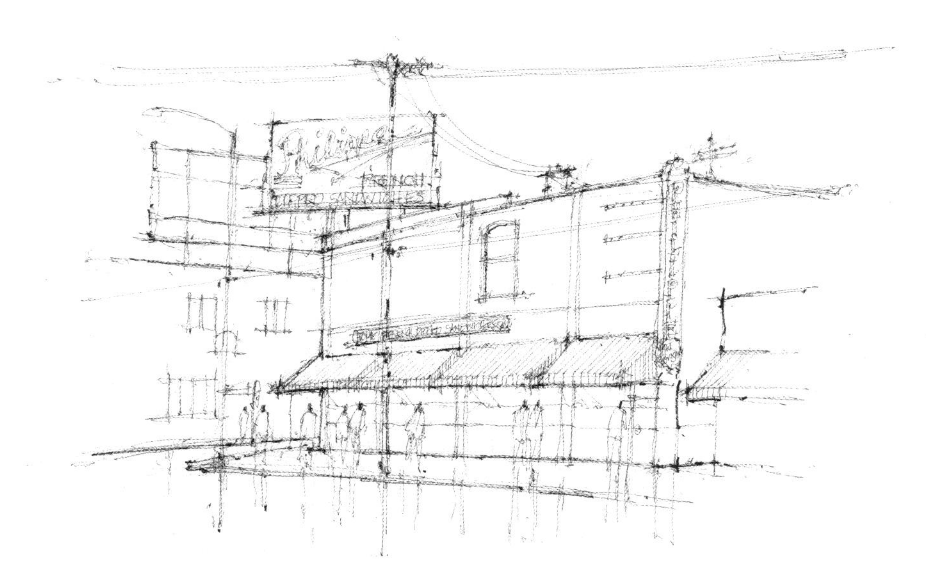

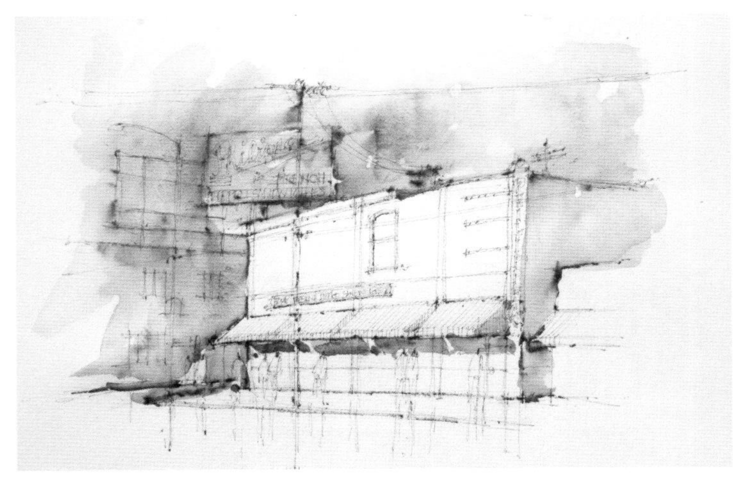

## 天空和阴影

用深蓝、钴蓝、生赭色和深茜红涂抹天空。为了让画面看起来更加和谐统一，将天空的颜色延伸到建筑物的阴影中，遮阳篷投下的阴影用的也是相同的颜色。

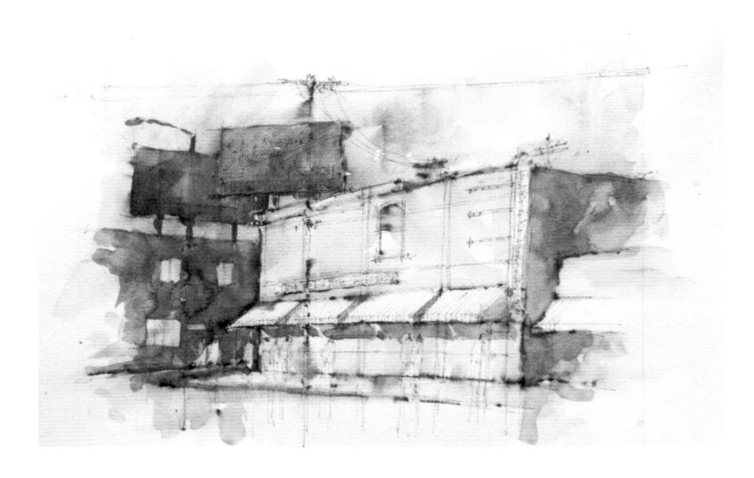

## 暖色调的建筑

选择生赭色涂抹建筑物和画面的前景部分。画的时候放轻松，让颜色和纹理多一点变化，画出阳光灿烂的感觉，给人以暖意。认真观察水溶性墨水在画纸上的渗透，这给画面增添了随意和凌乱的感觉。

## 强调阴影

为投射在建筑物上的阴影再刷一层深蓝和深茜红，让颜色在纸上尽可能地融合。用深蓝和熟褐色涂标牌，使其与广告牌的颜色交融到一起。再用这些颜色画窗户和墙壁，同时将它们的色彩延伸到画面下方，表示反射在人行道和街道上的倒影。要画行人的地方暂时留白。用勾线笔蘸取淡淡的暖灰色画遮阳篷上的条纹。

## 标牌和行人

用浅镉红、永固橙黄色和新藤黄画长长的垂直标牌，注意观察颜色如何从顶部的红色慢慢过渡到底部的黄色。标牌的边缘是用浅色的钴青绿勾勒出的。为了突出场景中的人物，用不加稀释的颜料上色，记得在人行道和街道上加入行人的倒影。至于背景中的建筑，在窗户上刷上天青蓝。

## 增强对比度

为窗户添加深蓝色，在建筑物下面的条纹上再刷上一层深褐色，这增强了画面的对比度。

## 轮廓

用勾线笔蘸取钛白色，为标牌上色，同时勾勒出门窗的线条。在广告牌的背面画几条分割线。请注意，如果一些标牌上的文字是彩色的，那必须先将其涂成白色，以便为后续上色提供一个干净的底色。

## 完善细节

使用新藤黄为黄色的标牌再上一次色，同时加上红色、橙色和蓝绿色的条纹。用钛白色勾勒出窗口的轮廓，再用勾线笔蘸取深灰色突出电线，但是穿过深色背景处的电线要涂成白色。最后，在建筑物的前方加一道红色的路牙。

# 绘制静物画

和很多人一样，我喜欢收藏美术用品。我喜欢绘画工具和装备，就像我享受绘画本身一样。这些美术用品也是很好的静物绘画对象。左图场景里有我最喜欢的颜料盒，桌子周围散落着各色的颜料管。这些东西都放在我的工作台上，光从左侧照过来，在桌上投下了漂亮的阴影。摆上你最喜欢的美术用品画一幅静物图，也可以直接根据照片进行创作。

## 明度和色彩研究

首先快速地画一幅铅笔草图，探索构图和明度，打出漂亮的阴影，再在草图旁边研究色彩的搭配。先用铅笔画出大致的线条轮廓，然后添加钢笔线条，最后上色。这只是绘画前的一个热身，它让你熟悉整个场景，确定大概的色彩搭配和融合的方式。如果需要的话，你也可以多画几幅图进行研究探索。

## 初始绘图

即使你面前有真实的物体，在绘画的时候也要以前面画的草图和拍的照片为参考。用铅笔以及防水性和水溶性钢笔画出物体的形状。确实，我们应尽可能地将草图中画得好的地方呈现出来，但如果完全照着草图的样子来，那最后呈现出的作品可能会过于僵硬、死气沉沉。相反地，我们应以草图为灵感，赋予作品本身独有的生命力。

## 色彩和阴影

首先从颜料盒开始，为其涂上深蓝色，水杯上留白的一小部分表示光反射的地方。在颜料未干的时候，为颜料盘上色，注意留白一部分，表示反射在湿润颜料上的点点亮光。用混合有深茜红的深蓝色涂抹物体上有阴影的地方，让阴影和颜料盒衔接起来。

将深蓝和深茜红混合调色后绘制投射在工作台上的阴影，让阴影与笔筒的颜色混合到一起，模糊它们之间的边界。这里我们要强调画笔投射的阴影，所以将画得比较明显和夸张，这样画面立刻就生动起来。在每个颜料管和喷瓶下面都画上小块的阴影。

## 画笔

将深蓝和深茜红混合调色后画投射在工作台上的阴影，让阴影与笔筒的颜色混合到一起，模糊它们之间的边界。这里我们要强调画笔投射的阴影，所以将它们画的比较明显和夸张，这样画面立马就生动了起来。在每个颜料管和喷瓶下面都画上小块的阴影。

## 颜料管

颜料管画起来很简单，但是要注意把握一些细节。每个颜料管外壳上都有表示颜色的色带，记得要在色带上留一条短短的白线，表示反射在上面的光线，这样画面会显得更加逼真。在颜料管有阴影的一侧和有卷曲的地方添加一点灰色——不要加得太多，这种微妙的状态是最好的。再用同一种灰色为管盖上色，同样地，有光照的一侧留白。

## 背景和最后的收尾

选取生赭色作为桌面和背景的颜色。你可能想的是刷出一片光滑、均匀的色彩，但实际上我们要用稀释为不同程度的颜料去创造明暗的对比。直接将生赭色刷在阴影上，顺带为笔筒和喷瓶也加点颜色，使其色调更加温暖。为笔筒旁边的桌面刷上颜色，会显得笔筒颜色很白。还要为颜料盒和喷瓶加一点白色。最后为整幅画轻轻刷一层颜料作为收尾，让画面更有活力。

# 绘制室内场景

我很喜欢火车。我住在洛杉矶，但我的朋友和工作项目都在圣地亚哥，这就意味着我可以经常搭乘火车。右图拍摄的是圣塔菲车站候车室里一个阳光明媚的下午，该车站位于圣地亚哥市中心。绘制室内场景与绘制夜景有些相似，背景都有从亮变暗的过渡。我希望画中的光从远处的窗户中透进来，照亮整个候车室，并反射在地面上。

## 现场写生与绘画实践

尽可能先画位置草图。建立一个灭点，由灭点辐射出的多条射线。你可以观察一下我在草图中画的参考线，根据这些线条粗略画出场景的其余部分，在拱门和弯曲的天花板上多花一点心思，越往后要画得越小、越紧密。画室内场景时，我就会参考我自己画的位置草图，而非照片——注意观察，画中的光线是静谧而耀眼的。

## 初始绘图和背景色

根据刚刚画的草图，找到灭点，画出透视线。接下来画后面的售票处和远处弯曲的天花板。如果你觉得画出的物体大小合适，就将前面的天花板和拱门也都画出来。然后在灭点处画一条水平的线，以确定所有旅客头部的位置。一定要注意，无论人相隔多远，他们的头部通常都是齐平的。用防水性针管笔直接在铅笔素描上添加电灯、窗户和一些细节。水溶性笔在出水时墨水会渗透进纸张中，可以用以强调一些线条和形状。

草图中的光来自远处窗户的正中央。用新藤黄和生赭色在光源处进行多次上色，随着光源扩散，颜色也逐渐褪成深茜红和深蓝色。一开始要选择干燥的纸张，将不同的颜色画得靠近一点，便于它们在纸上混合。我共上了两次色，第二次的颜料用量比第一次的多，而且要等第一遍的颜料干了之后再上第二层。光源的中心位置要留白。

## 拱形天花板

使用深蓝和深茜红对拱形天花板进行第三次上色。运笔的时候放松一点，颜料要保持湿润，让不同的颜色在纸上相融合。为天花板添上熟褐色，用厚重的颜色画出深色的木梁。渐变色的背景让画面更加和谐统一，从中也能感受到室内的光线是非常柔和的。

## 人物与反射

画人物的时候要敢于用大胆鲜亮的颜色。图中我使用了很多夸张的颜色，同时对一些颜色进行了调整，让整个画面显得明亮而活泼。在旅客彼此靠近的地方，颜色也混合到了一起。将颜色向下延伸到地板下方，表示倒映在在光滑瓷砖上的影子。注意看，从远处的窗户里透进来的光线也反射在了地板上。

## 背景深度和电灯

用深蓝和熟褐色调成的深色颜料涂抹售票窗口，这样画面就有了深度，人物也被衬托得更加明显。在一些旅客的头部周围留下一圈白色的边缘。用相对较浅的同色系颜料来绘制悬挂着的吊灯和墙壁上的拱门，再用勾线笔勾画出吊灯上面的链条，灯光是钛白色的。用较暗的熟褐色画屋顶的横梁和左侧门上的竖框。

## 润色并完善细节

用勾线笔蘸取钛白色，在地板画上瓷砖缝，为两侧的拱门加一些铁框，同时凸显出拱门之间的圆柱，不要忘了圆柱在地板上也有倒影。最后，为一些旅客的衣服加一点白色，表示内搭的白色衬衫。

# 一点感想

沿着正确的道路有条理地进行学习，从长远来看是一定会有所收获的。最好养成给自己的作品签名和拍照存档的习惯。此外，在参加任何一场研修班或示范课时都不要忘记做笔记。无论是参加一场晚间的示范课还是为期数天的研修班，我都会做完整的笔记，并将其存放在三孔活页夹中，方便以后查找。

建立起绘画的基础架构，让自己用几种不同尺寸的纸张作画时都能得心应手。我建议使用四开、对开和全开大小的纸张进行绘画，也要将画板修剪成以上几个尺寸，方便将画纸夹在上面。在有限的空间里进行创作会更容易（也更节省成本）。

给自己设计一张简单的名片，并将其贴在作品裱框的背面。这样，你的客户就能通过它轻松地知晓你的信息，或将你推荐给其他朋友。

# 养成良好习惯

准则是即使面对不喜欢的东西，也要能通过素描和水彩将它们画出来。我曾听过这样一句话：越努力越幸运。来自纽约的绘画大师查克·克洛斯（Chuck Close）说过："只有业余爱好者才会凭喜好做事，专业的人什么都可以画。"尽力做到最好。

### 数量

多练习，最好每天都练一练素描或水彩。道理跟打高尔夫、网球或弹钢琴是一样的，不断练习才能有所提高。我经常对同一幅画进行反复修改，直到它看起来像是我刚刚画好的一样。我希望人们能够通过我的作品，感受到我对绘画过程的享受。

### 速写本上的练习

坚持随身携带速写本进行绘画，这对于一位优秀画家的养成来说十分重要。

### 调色

在画纸上混合颜料，选择用起来不那么顺手的大号画笔。

### 外出写生

尽可能从生活中汲取材料。能出门写生是最好的，但在室内设置一个静物场景确实也更容易，任何场景都可以变成有趣的素描或水彩作品。

### 阅读

没有什么能代替你从绘画实践中学习到的技能。但从技术角度来说，你也可以从书本中学到很多东西，这种观点也让人备受鼓舞。给自己搭建一座藏书丰富的美术图书馆吧。

### 指导建议

去听不同画家的课程、讲习班和研讨会，不要只跟着一个老师学，同时也要有独立思考的能力。总之要做对自己有益的事情。

# 灵感

每一天都很重要——我们没有大把的时光去挥霍，所以把握好每一天。

水彩画就像是爵士乐，一幅好的绘画作品一定有合理的构图和明暗，但底下一定还藏着令人振奋的即兴音符和多彩乐章。

平衡创作与生活，不要忽视与朋友或家人相处的时间。

不要被现实的场景束缚，否则这个世界上可能就会少了一幅优秀的作品。找到自己的风格。

“快乐的画家”这一说法本身就带着一种讽刺。有时候你看一个人坐在草地上，摆弄他的绘画用品，看似一切进展顺利，实际上，每幅画的完成都经历了一番痛苦的挣扎。

水彩是一种不太好把握的颜料，但呈现出的效果也让人惊艳。当然，享受绘画才是最重要的。

# 画家简介

约瑟夫·斯托达德（Joseph Stoddard），南帕萨迪纳市的环境图形设计室SKA Design合伙经营人。习惯在晚上和周末画画，并且经常在南加州做一些作品展示，或者在一些研讨班上授课。

约瑟夫为帕萨迪纳市的许多活动创作过作品，包括平房天堂（Bungalow Heaven）年度巡演、科罗拉多街大桥派对、帕萨迪纳设计与建筑展，以及加州艺术俱乐部艺术家建筑绘画项目，还曾为帕萨迪纳交响乐团和帕萨迪纳流行乐团提供过作品。作品曾刊登在法国美术杂志《水彩艺术》、《画室》（Studios）以及《水彩艺术家》杂志上。The Man Cave Book也对其工作室进行过专题报道。

约瑟夫的画作还多次作为封面照片出现在各种出版物上，包括《西路杂志》（Westways Magazine）、《帕萨迪纳杂志》、南加州历史学会出版的系列丛书，以及Many Moons Press出版社出版的探索系列丛书。其名为《帕萨迪纳素描本》的素描作品集于2001年首次出版，于2008年再版。

此外，《雷德兰兹素描本》（Redlands Sketchbook）——一本描画雷德兰兹大学的素描作品集——于2007年出版。约瑟夫还编写了《色彩表现》（Expressive Color）一书（2008，夸尔托出版集团有限公司出版），目前正在编写一本有关洛杉矶场景的素描本，同时还在为第三版的《帕萨迪纳素描本》创作一系列的新作品。